Grundzüge und Anwendungen der Differential- und Integralrechnung

mit zahlreichen Übungsaufgaben für höhere Schulen

von

A. Schulte-Tigges
Oberstudiendirektor des Realgymnasiums I zu Cassel
Geh. Studienrat

(Sonderabdruck
aus Mehlers Hauptsätzen der Elementar-Mathematik,
bearbeitet von A. Schulte-Tigges)

Berlin und Leipzig 1925
Walter de Gruyter & Co.
vormals G. J. Göschen'sche Verlagshandlung — J. Guttentag, Verlagsbuchhandlung — Georg Reimer — Karl J. Trübner — Veit & Comp.

Druck von Walter de Gruyter & Co., Berlin. W 10

Erster Teil: Grundzüge und Anwendungen der Differentialrechnung in engster Verbindung mit der Lehre von den Funktionen.

Erster Abschnitt.

Grundzüge der Differentialrechnung.

§ 1. Wenn eine Größe (y) sich mit einer anderen Größe (x) ändert, so nennt man die erste von der zweiten **abhängig** oder eine **Funktion** der zweiten.

Beispiele: 1. (Aus dem praktischen Leben). Der Preis einer Ware ändert sich mit der Zeit.

2. (Aus der Arithmetik.) a) Die dritte Potenz einer Zahl ändert sich mit der Zahl; b) der Logarithmus einer Zahl ändert sich mit der Zahl.

3. (Aus der Planimetrie.) Der Flächeninhalt eines Quadrats ändert sich mit der Quadratseite.

4. (Aus der Stereometrie.) Der Rauminhalt einer Kugel ändert sich mit ihrem Halbmesser.

5. (Aus der Trigonometrie.) Der Sinus eines Winkels ändert sich mit dem Winkel. (Trigonometrische „Funktionen".)

6. (Aus der Wärmelehre.) a) Die Spannkraft des (gesättigten) Wasserdampfes ändert sich mit der Temperatur, desgl. b) die Dichte des Wassers.

7. (Aus der Meteorologie). An demselben Ort ändert sich der Luftdruck mit der Zeit, desgl. die Temperatur und die Feuchtigkeit der Luft.

8. (Aus der Mechanik.) a) Die Geschwindigkeit eines frei fallenden Körpers ändert sich mit der Zeit. b) Die lebendige Kraft eines Körpers (Energie der Bewegung) ändert sich mit der Geschwindigkeit.

Bemerkung: Bei der Abhängigkeit einer Größe von einer anderen im obigen Sinne ist nicht immer die erste die Wirkung, die zweite die Ursache, wie die obigen Beispiele lehren.

§ 2. In vielen Fällen ist die Abhängigkeit so klar erkannt, daß man sie durch eine mathematische Formel (Gleichung) ausdrücken kann, so im Beispiel

2 a) durch $y = x^3$; 2 b) durch $y = \log x$; 3) durch $y = x^2$; 4) durch $y = \frac{4}{3}\pi x^3$; 5) durch $y = \sin x$; 8 a) $y = gx$; 8b) durch $y = \frac{1}{2} mx^2$. Die hierin außer y und x vorkommenden Größen sind den Beispielen entsprechend als **unveränderlich (konstant)** anzusehen; x ist die **unabhängige**, y die **abhängige Veränderliche.** In andern Fällen (Beispiel 1, 6a, 6b, 7 (ist es nicht möglich oder bis jetzt noch nicht möglich, die Abhängigkeit durch eine mathematische Formel wiederzugeben.

Bemerkungen: 1. Meist steht es frei, die eine oder die andere Veränderliche als unabhängige zu wählen; gegebenenfalls sind dann die Formeln umzukehren, wie in 2 a) $x = \sqrt[3]{y}$, 8a) $x = \frac{y}{g}$ usw.

2. In vielen Fällen ist eine Größe von mehr als einer andern abhängig, wie in den Beispielen 8a) und 8b), wenn auch g und m als veränderlich angenommen werden. Die Gesamtänderung von y kann dann aber in der Weise festgestellt werden, daß man die Veränderungen der einzelnen unabhängigen Veränderlichen nacheinander vornimmt, womit denn diese Aufgabe auf mehrere obiger Art zurückgeführt ist.

§ 3. In allen Fällen aber läßt sich die Abhängigkeit auf doppelte Weise darstellen, nämlich

1) arithmetisch: durch eine **Zahlentabelle,**

2) geometrisch: durch eine **Zeichnung (graphische Darstellung).**

Die Zahlentabelle erhält man, wenn man für die eine Veränderliche bestimmte Werte (meist in wachsender Folge) annimmt und die zugehörigen Werte der andern ermittelt. Als eine solche Zahlentabelle würde sich ergeben für

Beispiel 6a.

Temperatur $x =$	0	10	20	30	40	50	60	70	80	90	100	Grad Celsius.
Spannkraft $y =$	4,6	9,2	17,4	31,5	54,9	92,0	148,8	233,1	354,6	525,5	760,0	mm Quecksilber.

Beispiel 2a.

$x =$	-4	-3	-2	-1	0	1	2	3	4
$y = x^3 =$	-64	-27	-8	-1	0	1	8	27	64

Bemerkung: Ist die Abhängigkeit durch eine mathematische Formel darstellbar, so kann man für die unabhängige Veränderliche beliebige Werte annehmen und wählt im allgemeinen solche, die gleichmäßig zunehmen; in den anderen Fällen muß man sich mit den Werten begnügen, für die die Abhängigkeit tatsächlich ermittelt ist.

§ 4. Die Zahlentabelle gibt nur ausgesuchte Werte der Veränderlichen wieder, die sich *sprungweise* ändern; sie zeigt also nicht *lückenlos*,

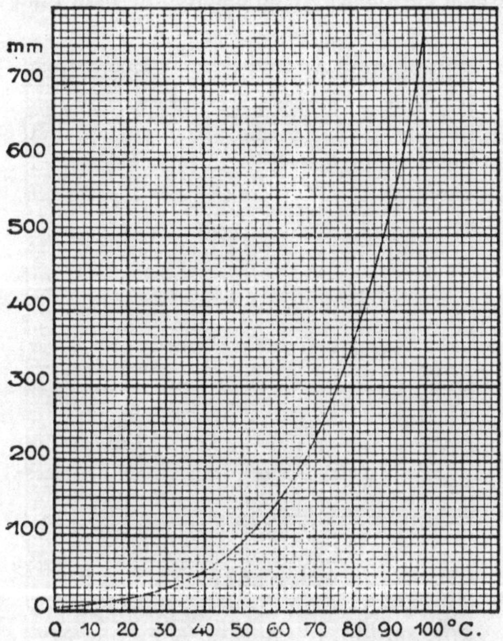

Fig. 1.

wie die abhängige Veränderliche sich ändert, wenn die andere *allmählich* zunimmt. Dies aber leistet die *graphische Darstellung*.

Hierbei werden beide Veränderliche durch Strecken dargestellt, indem für die Maßeinheit einer jeden eine Strecke von bestimmter Länge (gleichsam als Bild) ausgewählt wird. Es sind alsdann die in der Zahlentabelle vorkommenden Größen in solche Strecken umzurechnen. Die erhaltenen x-Strecken trägt man nunmehr auf einer wagerechten Geraden (der x-Achse) von einem und demselben Punkt (dem Anfangspunkt) 0 (oder O) an und zwar nach derselben Richtung (rechts) hin ab und errichtet in den Endpunkten auf der x-Achse nach oben Lote gleich den betreffenden y-Strecken. Sind negative x oder y vorhanden, so wählt man hierfür die entgegengesetzten Richtungen (links bzw. unten). Verfolgt man nun die Lote von links nach rechts, so erkennt man, wie y sich bei wachsendem x ändert, d. h. ob es zu- oder abnimmt oder sich gleich bleibt, auch um wieviel es zu- oder abnimmt usw.

§ 5. Schaltet man noch mehr Zwischenwerte in die Zahlentabelle ein, so erhält man ebensoviel Zwischenlote, und man kann schließlich mit

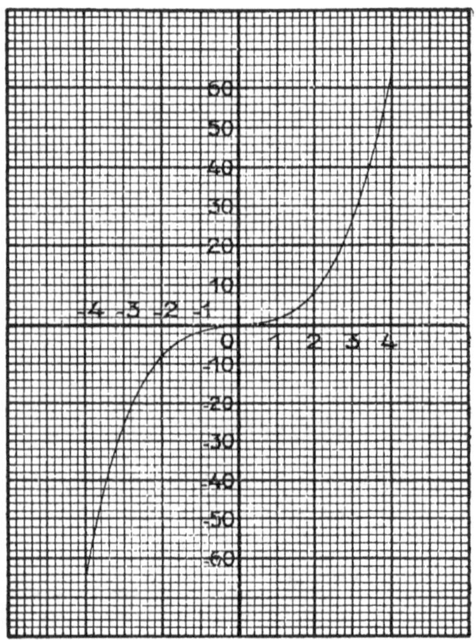

Fig. 2.

einiger Sicherheit die Endpunkte der Lote durch eine Linie verbinden, die nun die Änderung der y-Lote lückenlos darstellt und außerdem derart, daß sie mit einem Blick übersehen werden kann.

Auf diese Weise ist Fig. 1 und 2 zu Beispiel 6a und 2a entstanden, wobei im ersten Falle 10^0 C durch $\frac{1}{2}$ cm, 10 mm Quecksilber durch 1 mm, im zweiten Fall die Einheit der x durch $\frac{1}{2}$ cm und die der y durch $\frac{1}{2}$ mm dargestellt worden sind.

Die die Endpunkte der y verbindende Linie soll die **y-Linie** genannt werden; die im Anfangspunkt auf der x-Achse errichtete Senkrechte heißt die **y-Achse**, y und x selbst **Koordinaten** und zwar x die **Abszisse** und y die **Ordinate**, das Ganze ein **Koordinatensystem**.

§ 6. 1. Die Betrachtung der auf solche Weise dargestellten Linien ergibt sofort:

Steigt die y-Linie (stets nach rechts hin betrachtet), so nimmt y bei wachsendem x zu; fällt sie, so nimmt es ab; bleibt sie längere oder kürzere Zeit wagerecht, so ändert y währenddessen seinen Wert nicht.

2. Ist im besonderen die y-Linie eine gerade Linie, so erkennt man ohne weiteres und kann mathematisch leicht beweisen:

a) Wächst x gleichmäßig, so ändert sich auch y gleichmäßig, und zwar um so stärker, je steiler die Gerade zur x-Achse geneigt ist.

b) Geht die y-Linie durch den Anfangspunkt, so nimmt y in demselben Verhältnis zu wie x.

c) Für den Winkel α, den die Gerade mit der positiven Richtung der x-Achse bildet, ist stets $\operatorname{tg} \alpha = \frac{\Delta y}{\Delta x}$, wenn Δy den Zuwachs der Ordinate bezeichnet, der dem Zuwachs der Abszisse, Δx, entspricht.

§ 7. Eine Gerade ist die y-Linie stets, wenn y eine Funktion ersten Grades von x ist.

Beweis: Die Funktion sei $y = ax + b$. Ist also $x = 0$, so ergibt sich $y = b$, und für $x = 1$ ist $y = a + b$. Durch die Endpunkte der beiden ermittelten y, A und C, legt man die Gerade AC und zieht $AF \parallel OB$; dann ist $\operatorname{tg} \alpha = \frac{CF}{AF} = \frac{a}{1} = a$. Für ein beliebiges drittes x, $OD = c$, ist nun y oder $DE = ac + b$. Verlängert man AF bis G, so ist $EG = ac$ und $\operatorname{tg} EAG = \frac{ac}{c} = a = \operatorname{tg} \alpha$, d. h. E liegt auf der Geraden AC. Die Gleichung $y = ax + b$ stellt also stets eine Gerade dar, und zwar ist a die trigonometrische Tangente

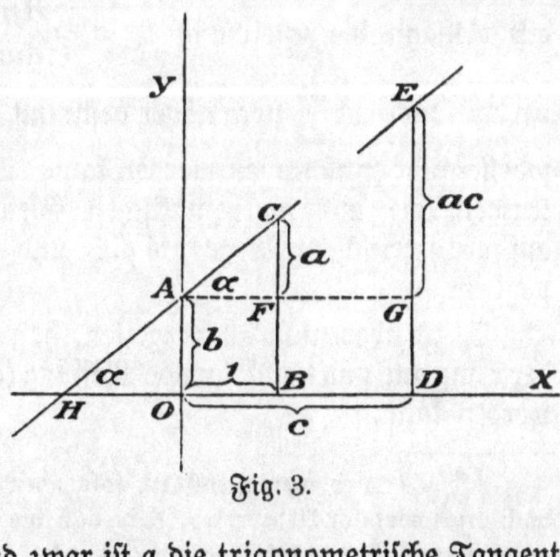

Fig. 3.

ihres Winkels mit der x-Achse (gemessen im Sinne einer Drehung der positiven x-Achse zur positiven y-Achse) und b das auf der positiven y-Achse abgeschnittene Stück.

§ 8. Ist die y-Linie eine krumme Linie und will man wissen, wie sich y in einem bestimmten Punkt der Kurve gegen den Wert in einem früheren Punkt geändert hat, so verbindet man beide Punkte durch eine Sehne und urteilt nach § 6, 1 und 2. Für den Winkel dieser Sehne mit der positiven Richtung der x-Achse ist auch hier $\operatorname{tg} \alpha = \frac{\Delta y}{\Delta x}$ **(Differenzenquotient)**, wenn man unter Δy und Δx wiederum den Zuwachs der Ordinate und der Abszisse versteht.

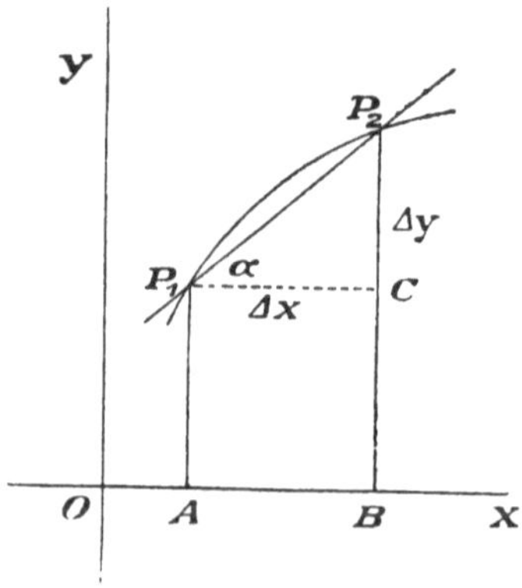

Fig. 4.

Dieses Urteil sagt aber nichts aus über die Veränderung, die y zwischen den beiden ausgewählten Punkten erfahren hat. Soll also die Änderung von y lückenlos verfolgt werden, so müssen die beiden betrachteten Punkte immer näher aneinander gerückt werden, bis sie unmittelbar zusammenliegen, wobei dann aus der Sehne die Tangente wird. Δy und Δx werden in diesem Falle unendlich klein*) und mit dy und dx bezeichnet; für die Tangente gilt alsdann die Gleichung $\operatorname{tg} \alpha = \frac{dy}{dx}$ **(Differentialquotient)**, worin der Quotient $\frac{dy}{dx}$ noch näher bestimmt werden muß, da er der Zahlentabelle nicht entnommen werden kann. Diese Bestimmung ist bei solchen Kurven, die aus mathematischen Gleichungen hervorgegangen sind, auf arithmetischem Wege möglich und soll weiter unten ausgeführt werden.

Es ist aber nicht zu vergessen, daß α zeichnerisch durch Anlegung der Tangente und nachfolgende Messung (oder Schätzung) näher bestimmt werden kann.

---

*) Es wird wenigstens im folgenden stets vorausgesetzt, daß mit Δx auch Δy unendlich klein wird, d. h. daß die Funktion — wenigstens in unmittelbarer Nähe des betrachteten Punktes — s t e t i g ist.

§ 9. Das Verhalten einer Kurve in unmittelbarer Nähe eines ihrer Punkte ist daher nach der Lage der Tangente in diesem Punkte zu beurteilen und das Gesamtverhalten einer durch eine Kurve dargestellten Funktion nach dem Verhalten der an ihr gleitend gedachten Tangente.

Aus einer solchen Betrachtung der in den Figuren 5*a*—*k* dargestellten *y*-Linien und ihrer Tangenten erhellen nachstehende Ergebnisse:

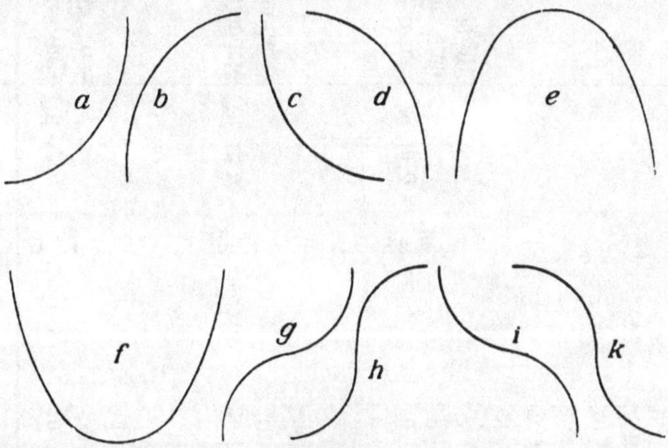

Fig. 5.

Bei *a* wächst *y* zunächst weniger stark, zuletzt aber stärker;
" *b* " " " stärker, " " weniger stark;
" *c* nimmt " " " ab, " " " ;
" *d* " " " weniger stark, " " stärker ab.

e setzt sich aus *b* und *d* zusammen, dazwischen erreicht *y* ein **Maximum** da, wo die Tangente wagerecht liegt oder $\alpha = 0$ ist; *f* setzt sich entsprechend aus *c* und *a* zusammen und weist für *y* ein **Minimum** auf. *g* besteht aus *b* und *a*, *h* aus *a* und *b*, *i* aus *c* und *d*, *k* aus *d* und *c*; bei *g*—*k* tritt ein **Wendepunkt** da auf, wo die Tangente beim Gleiten aus der Drehung nach der einen Richtung in die entgegengesetzte übergeht, wo die Kurve also auf verschiedenen Seiten der Tangente liegt.

Bemerkung: Andere Kurven können aus *a* und *c*, *d* und *b*, *a* und *d*, *b* und *c*, *c* und *b*, *d* und *a* zusammengesetzt werden. Noch andere Formen entstehen, wenn in den Fällen *e*—*k* die Tangenten in den zusammenstoßenden Endpunkten nicht zusammenfallen. Alle diese Formen sollen aber von der Betrachtung ausgeschlossen bleiben, da sich in dem Grenzpunkte die Lage der Tangente (beim Gleiten) sprungweise ändert.

Vordersatz		Nachsatz	
Geometrisch	Arithmetisch	Geometrisch	Arithmetisch
a) Ist die Tangente aufwärts gerichtet *) (ihr Neigungswinkel **) spitz),	Ist $\operatorname{tg} \alpha = \frac{dy}{dx}$ positiv,	so steigt die Kurve (und zwar um so stärker, je steiler die Tangente),	so nimmt y mit wachsendem x zu (und zwar um so stärker, je größer $\operatorname{tg} \alpha = \frac{dy}{dx}$).
b) Ist die Tangente abwärts gerichtet *) (ihr Neigungswinkel **) stumpf),	Ist $\operatorname{tg} \alpha = \frac{dy}{dx}$ negativ,	so fällt die Kurve (und zwar um so stärker, je steiler die Tangente),	so nimmt y mit wachsendem x ab (und zwar um so stärker, je größer, absolut genommen, $\operatorname{tg} \alpha = \frac{dy}{dx}$).
c) Ist die Tangente wagerecht gerichtet *) (ihr Neigungswinkel**) gleich Null),	Ist $\operatorname{tg} \alpha = \frac{dy}{dx} = 0$,	so geht die Kurve an diesem Punkt entweder a) vom Steigen zum Fallen oder b) vom Fallen zum Steigen über oder sie hat c) einen Wendepunkt im Steigen oder im Fallen,	so hat y a) ein Maximum oder b) ein Minimum oder c) y geht beim Zu- oder Abnehmen durch einen Ruhepunkt hindurch.

*) Stets von links nach rechts betrachtet.

**) Mit der positiven Richtung der x-Achse im Sinne einer Drehung von der positiven x-Achse zur positiven y-Achse.

§ 10. Diese Ergebnisse lassen sich in die folgenden Regeln zusammenfassen: (Siehe die Übersicht auf S. 8.)

§ 11. Ist die Funktion ein mathematischer Ausdruck, so läßt sich der Differentialquotient rein arithmetisch bestimmen. Es hat dies den Vorzug, daß man die umständliche Zahlentabelle und ihre graphische Darstellung entbehren und sich doch mit Hülfe des ermittelten Differentialquotienten eine Vorstellung von dem Verlauf der Funktion machen kann. Auch läßt sich die Betrachtung allgemeiner gestalten.

Es sei zunächst die Funktion ein Ausdruck ersten Grades in x, also $y = ax + b$. Dann gehören zu den ausgewählten Werten x_1 und x_2 die Funktionswerte $y_1 = ax_1 + b$ und $y_2 = ax_2 + b$, und es ist $y_2 - y_1 = a(x_2 - x_1)$ oder $\Delta y = a \,.\, \Delta x$, daher $\frac{\Delta y}{\Delta x} = a$.

Der Differenzenquotient ist also stets gleich a und behält daher auch diesen Wert, wenn $x_2 = x_1$ und damit $y_2 = y_1$ wird (d. h. wenn die beiden Punkte der y-Linie zusammenrücken). Daher ist $\frac{dy}{dx} = a$ oder $\frac{d(ax + b)}{dx} = a$.

Da der Differentialquotient konstant ist, so folgt dasselbe für den Neigungswinkel der Tangente; die y-Linie ist also eine unter einem Winkel α zur x-Achse geneigte Gerade, für die $\operatorname{tg} \alpha = a$ ist (vgl. § 7).

§ 12. Differentialquotient einer rationalen ganzen Funktion zweiten Grades.

Eine rationale ganze Funktion ist eine algebraische Summe, deren Glieder Produkte aus rationalen Koeffizienten und natürlichen Potenzen von x sind, oder läßt sich auf diese Form bringen; sie ist vom zweiten Grade, wenn x höchstens in der zweiten Potenz vorkommt.

$\boldsymbol{y = ax^2 + bx + c}$ $\quad y_1 = ax_1^2 + bx_1 + c,\ y_2 = ax_2^2 + bx_2 + c;$
$y_2 - y_1 = a(x_2^2 - x_1^2) + b(x_2 - x_1);$

$$\frac{\Delta y}{\Delta x} = \frac{y_2 - y_1}{x_2 - x_1} = a(x_2 + x_1) + b. \quad \text{Daher}$$

$$\frac{dy}{dx} = 2ax + b \text{ oder } \frac{d(ax^2 + b + c)}{dx} = 2ax + b.$$

Untersuchung des Ergebnisses: Der Differentialquotient wird gleich 0, wenn $2ax + b = 0$, also $x = -\frac{b}{2a}$ ist. Für diesen Wert von x hat die Kurve mithin eine wagerechte Tangente, also ein Maximum, Minimum oder einen Wendepunkt. Welcher dieser Fälle vorliegt, muß noch entschieden werden. Nun ist aber $\frac{dy}{dx}$, wofür die kurze Bezeichnung y' üblich ist, ebenso wie y selbst eine Funktion von x, da $y' = 2ax + b$ ist. Diese Funktion können wir uns zugleich mit $y = ax^2 + bx + c$ graphisch dargestellt denken und erhalten (§ 7) eine Gerade, für deren Neigungswinkel $\operatorname{tg}\beta = 2a$ ist und die auf der y-Achse das Stück b, auf der x-Achse aber $-\frac{b}{2a}$ abschneidet. Ist a positiv, so steigt die Gerade; für den Bereich $-\infty < x < -\frac{b}{2a}$ ist y', also $\operatorname{tg}\alpha$, negativ, die Kurve fällt (und zwar so, daß die Tangente einen immer stumpferen Winkel mit der x-Achse bildet); für den Bereich $-\frac{b}{2a} < x < +\infty$ ist y' ($\operatorname{tg}\alpha$) positiv, die Kurve steigt (und zwar immer steiler). Für $x = -\frac{b}{2a}$ geht y' vom Negativen zum Positiven, die Kurve vom Fallen zum Steigen über; der Punkt stellt daher ein Minimum dar, und die Kurve hat etwa die Gestalt der Figur f in § 9.

Ist a dagegen negativ, so fällt die y'-Linie aus dem Positiven ins Negative; die y-Linie steigt zuerst, erreicht für $x = -\frac{b}{2a}$ ein Maximum und fällt alsdann (Figur e in § 9). In beiden Fällen ist, wie eine anderweitige Untersuchung lehrt, die y-Linie eine Parabel, deren Achse der y-Achse parallel ist oder, wenn $b = 0$, mit ihr zusammenfällt.

Anm.: Die Untersuchung der Funktion $y = ax^2 + bx + c$ auf solche Werte von x, die die Funktion zu Null machen, oder auf die „Nullstellen" der Kurve, d. h. diejenigen Stellen, wo die Kurve die x-Achse schneidet, führt zur Auflösung der quadratischen Gleichung $ax^2 + bx + c = 0$, die zwei reelle verschiedene, zwei reelle gleiche oder zwei konjugiert komplexe Wurzeln hat, je nachdem die „Diskriminante der Gleichung" $b^2 - 4ac \gtreqless 0$ ist. (Welche Lage hat die Parabel zur x-Achse, wenn die beiden reellen Wurzeln zusammenfallen?)

§ 13. Differentialquotient einer rationalen ganzen Funktion dritten Grades.

$$\boldsymbol{y = ax^3 + bx^2 + cx + d;}$$

$$y_2 - y_1 = a(x_2^3 - x_1^3) + b(x_2^2 - x_1^2) + c(x_2 - x_1);$$

$$\frac{\Delta y}{\Delta x} = \frac{y_2 - y_1}{x_2 - x_1} = a(x_2^2 + x_2 x_1 + x_1^2) + b(x_2 + x_1) + c;$$

$$\frac{dy}{dx} = \frac{d(ax^3 + bx^2 + cx + d)}{dx} = 3\,ax^2 + 2\,bx + c.$$

Untersuchung des Ergebnisses: Der Differentialquotient wird 0, wenn $3ax^2 + 2bx + c = 0$ ist oder für

$$x_1 = \frac{-b + \sqrt{b^2 - 3ac}}{3a} \quad \text{und} \quad x_2 = \frac{-b - \sqrt{b^2 - 3ac}}{3a}.$$

Für diese beiden Werte von x, falls sie reell sind, d.h. falls $b^2 \geqq 3ac$ ist, besitzt die y-Linie ein Maximum, Minimum oder einen Wendepunkt (mit wagerechter Tangente). Denken wir uns die y'-Linie wieder gezeichnet ($y' = 3ax^2 + 2bx + c$), so ist dies nach § 12 eine Parabel, die

a) für $b^2 < 3\,ac$ die x-Achse gar nicht trifft, also entweder ganz über oder ganz unter ihr liegt,

b) für $b^2 = 3ac$ die x-Achse in einem Punkte (von oben oder unten) berührt oder

c) für $b^2 > 3ac$ die x-Achse in zwei Punkten durchsetzt.

Bei weiterer Überlegung zeigt sich, daß die y-Linie im Falle c ein Maximum und Minimum, im Falle b einen Wendepunkt mit wagerechter Tangente (im Steigen oder Fallen), einen sogenannten **Terrassenpunkt**, im Falle a aber keins von beiden besitzt (wohl aber einen Wendepunkt mit schiefer Tangente). Diese Überlegung ist unter Berücksichtigung der Figuren e und f in § 9 anzustellen und zu weiteren Schlüssen über den Verlauf der y-Linie zu benutzen.

Anm.: Die Untersuchung der Funktion $y = ax^3 + bx^2 + cx + d$ auf solche Werte von x, die die Funktion zu Null machen, oder die Nullstellen der Kurve führt zur Auflösung der kubischen Gleichung $ax^3 + bx^2 + cx + d = 0$, die drei reelle oder eine reelle und zwei konjugiert komplexe Wurzeln hat; von den drei reellen Wurzeln können zwei oder auch alle drei zusammenfallen. (Wie hängen diese Fälle mit den obigen Fällen a, b, c zusammen?)

§ 14. Die Ermittelung des Differentialquotienten von Ausdrücken höheren Grades kann in derselben Weise vorgenommen und zu Schlüssen über den Verlauf der Kurven benutzt werden. Aus dem bisherigen scheinen aber schon die folgenden allgemeinen Gesetze hervorzugehen:

a) Für den Differentialquotienten eines Ausdrucks ist ein konstanter Summand (das „absolute Glied") bedeutungslos.

b) Der Differentialquotient einer Summe ist gleich der Summe der Differentialquotienten ihrer Summanden.

c) Der Differentialquotient eines Produkts, das einen konstanten Faktor enthält, ist gleich dem Produkt aus diesem Faktor und dem Differentialquotienten des Restausdrucks.

Beweise: Hierfür werde die betreffende Funktion von x allgemein mit $f(x)$, $\varphi(x)$ oder $\psi(x)$, deren Differentialquotienten mit $f'(x)$, $\varphi'(x)$ $\psi'(x)$ bezeichnet.

a) $y = f(x) + c;\ y_1 = f(x_1) + c;\ y_2 = f(x_2) + c;\ \frac{\Delta y}{\Delta x} = \frac{y_2 - y_1}{x_2 - x_1}$ $= \frac{f(x_2) - f(x_1)}{x_2 - x_1}$; das konstante Glied c fällt also schon bei der Bildung des Differenzenquotienten heraus. Es ist mithin

$$(1)\qquad \frac{d(f(x) + c)}{dx} = \frac{df(x)}{dx}.$$

b) $y = f(x) + \varphi(x);\ y_1 = f(x_1) + \varphi(x_1);\ y_2 = f(x_2) + \varphi(x_2);$

$$\frac{\Delta y}{\Delta x} = \frac{y_2 - y_1}{x_2 = x_1} = \frac{f(x_2) + \varphi(x_2) - f(x_1) - \varphi(x_1)}{x_2 - x_1}$$
$$= \frac{f(x_2) - f(x_1)}{x_2 - x_1} + \frac{\varphi(x_2) - \varphi(x_1)}{x_2 - x_1};$$

also $\frac{dy}{dx} = f'(x) + \varphi'(x)$. Es ist mithin

$$(2)\qquad \frac{d(f(x) + \varphi(x))}{dx} = \frac{df(x)}{dx} + \frac{d\varphi(x)}{dx}.$$

c) $y = c\,.\,f(x);\ y_1 = cf(x_1);\ y_2 = cf(x_2);$

$$\frac{\Delta y}{\Delta x} = \frac{y_2 - y_1}{x_2 - x_1} = \frac{c(f(x_2) - f(x_1))}{x_2 - x_1} = c\,.\,\frac{f(x_2) - f(x_1)}{x_2 - x_1};$$

also $\frac{dy}{dx} = c\,.\,f'(x)$. Es ist mithin

$$(3)\qquad \frac{d(c\,.\,f(x))}{dx} = c\,.\,\frac{df(x)}{dx}.$$

§ 15. Für die Ermittelung des Differentialquotienten einer rationalen ganzen Funktion beliebigen Grades von x

$$y = ax^n + bx^{n-1} + cx^{n-2} + \cdots + px^2 + qx + r$$

genügt daher die Kenntnis der einzigen Formel:

$$(4)\quad \frac{d(x^n)}{dx} = n \cdot x^{n-1}.$$

Beweis dieser Formel: $y = x^n$; $y_1 = x_1^n$; $y_2 = x_2^n$;

$$\frac{\Delta y}{\Delta x} = \frac{x_2^n - x_1^n}{x_2 - x_1} = x_2^{n-1} + x_2^{n-2}x_1 + x_2^{n-3}x_1^2 + \cdots + x_2 x_1^{n-2} + x_1^{n-1},$$

daher $\frac{dy}{dx} = n \cdot x^{n-1}$. Der Beweis ist allgemein gültig, da n nach der Annahme nicht negativ oder gebrochen sein kann.

§ 16. Differentialquotienten höherer Ordnung.

1. In § 13 war für die Funktion

$$y = ax^3 + bx^2 + cx + d$$

der Differentialquotient $\frac{dy}{dx}$ oder

$$y' = 3ax^2 + 2bx + c.$$

y' erscheint daher selbst als Funktion von x und läßt sich, wie schon bemerkt, durch ein Kurve darstellen. Ebenso wie bei der y-Linie läßt sich nun auch bei der y'-Linie nach dem Neigungswinkel β der Tangente in irgend einem Punkte fragen, und es ist

$\operatorname{tg} \beta = \frac{dy'}{dx} = 6ax + 2b$. Dieser Differentialquotient heißt **Differentialquotient zweiter Ordnung** (oder kurz **zweiter Differentialquotient**) und wird mit y'' bezeichnet. Ebendieselbe Frage für die y''-Linie liefert den **Differentialquotienten dritter Ordnung**

$y''' = \operatorname{tg} \gamma = \frac{dy''}{dx} = 6\,a$, womit die Reihe für das gewählte Beispiel abschließt.

2. **Die Differentialquotienten von x^n** sind:

$$y' = nx^{n-1};\; y'' = n(n-1)x^{n-2};\; y''' = n(n-1)(n-2)\,x^{n-3}$$

usw.

3. Ist der zweite Differentialquotient y'' an einer Stelle negativ (positiv), d. h. β stumpf (spitz), so fällt (steigt) dort die y'-Linie, mithin wird $y' = \operatorname{tg} \alpha$ und damit auch α kleiner (größer). Daher gelten die Sätze:

a) **Dort, wo y'' negativ (oder positiv) ist, ist die y-Kurve nach oben konvex (oder konkav); ist an derselben Stelle $y' = 0$ (die Tangente der y-Kurve also wagerecht), so liegt ein Maximum (oder Minimum) vor.**

b) Geht dagegen y'' vom Negativen zum Positiven oder vom Positiven zum Negativen über, so wechselt für $y'' = 0$ die y-Kurve den Sinn ihrer Krümmung, d. h. sie hat einen Wendepunkt, und zwar einen solchen mit wagerechter Tangente (Terrassenpunkt), wenn auch $y' = 0$ ist, dagegen mit schiefer Tangente, sofern y' von 0 verschieden ist. Ein solcher Übergang von y'' zum Positiven oder zum Negativen liegt jedenfalls dann vor, wenn y''' positiv oder negativ ist.

Es ergibt sich demnach folgende Übersicht:

$y' = 0,\ y'' < 0$ **Maximum,**

$y' = 0,\ y'' > 0$ **Minimum,**

$y' = 0,\ y'' = 0,\ y''' > 0$ **Terrassenpunkt im Steigen,**

$y' = 0,\ y'' = 0,\ y''' < 0$ **Terrassenpunkt im Fallen,**

$y' > 0,\ y'' = 0,\ y''' \gtreqless 0$ **Wendepunkt mit steigender Tangente,**

$y' < 0,\ y'' = 0,\ y''' \gtreqless 0$ **Wendepunkt mit fallender Tangente.**

§ 17. Allgemeine Sätze über Funktionskurven.

1. **Entsteht eine Funktion aus einer andern durch Hinzufügung eines konstanten Gliedes ($y = f(x)$; $y = f(x) + c$), so sind die beiden Funktionskurven völlig gleich und nur durch ihre Höhenlage unterschieden; die eine geht aus der andern durch Verschiebung senkrecht zur x-Achse um die Strecke c hervor. Die Tangenten in Punkten mit gleichen Abszissen laufen parallel.** Beispiel: $y = x^2$, $y = x^2 + 3$.

2. **Geht eine Funktion aus einer andern durch Beifügung eines konstanten Faktors hervor ($y = f(x)$; $y = c \cdot f(x)$), so sind die beiden Kurven affin zueinander mit der x-Achse als Affinitätsachse und dem Affinitätsverhältnis $1 : c$. Die Tangenten in Punkten mit gleichen Abszissen schneiden sich auf der x-Achse.** Beispiel: $y = x^2$, $y = 3x^2$.

3. **Nimmt eine Funktion $y = f(x)$ für je zwei entgegengesetzt gleiche Werte von $x(y)$ denselben Wert von $y(x)$ an, so liegt die Funktionskurve symmetrisch zur $y(x$-$)$Achse; die Tangenten in symmetrischen Punkten schneiden sich auf der $y(x$-$)$Achse.** Beispiel: $y = x^2 + 1$, $y^2 = 3x$.

4. **Nimmt eine Funktion $y = f(x)$ für je zwei entgegengesetzt gleiche Werte von x zwei unter sich ebenfalls entgegengesetzt gleiche Werte von y an, so liegt die Funktionskurve zentrisch symmetrisch zum Anfangspunkt; die Tangenten in symmetrischen Punkten laufen parallel.** Beispiel: $y = x^3 + 2x$.

5. Entsteht eine Funktion aus einer andern durch Vertauschung von x und y ($x = f(y)$ aus $y = f(x)$), so liegen die beiden Funktionskurven symmetrisch zu der Geraden durch den Anfangspunkt, die den ersten und dritten Quadranten halbiert; die Tangenten in symmetrischen Punkten schneiden sich auf dieser Geraden. Beispiel: $x = \frac{1}{4} y^2$ (oder $y^2 = 4x$) aus $y = \frac{1}{4} x^2$.

Beweise leicht.

§ 18. Die rationale ganze Funktion n^{ten} Grades.

1. Die Untersuchung der Funktion

$$y = ax^n + bx^{n-1} + cx^{n-2} + \cdots + px^2 + qx + r$$

auf Nullwerte führt zur Gleichung

$$ax^n + bx^{n-1} + cx^{n-2} + \cdots + px^2 + qx + r = 0,$$

die n Wurzelwerte besitzt, von denen die komplexen nur paarweise konjugiert vorkommen können, so daß bei ungeradem n wenigstens ein Wurzelwert reell ist oder die Kurve die x-Achse wenigstens einmal durchsetzt.

Von Wichtigkeit ist auch eine Untersuchung des Verlaufs der Kurve für den Fall, daß man x nach der positiven oder negativen Seite unbegrenzt wachsen läßt. Nun ist

$$y = x^n\left(a + \frac{b}{x} + \frac{c}{x^2} + \cdots + \frac{p}{x^{n-2}} + \frac{q}{x^{n-1}} + \frac{r}{x^n}\right).$$

Wird x positiv oder negativ sehr groß, so werden alle Glieder der Klammern mit Ausnahme des ersten sehr klein. Die Größe und das Vorzeichen von y hängt daher alsdann fast nur von ax^n ab, und es ist, wenn

1. n gerade und a positiv, für $x = \pm\infty$ $y = +\infty$,
2. n " " a negativ, für $x = \pm\infty$ $y = -\infty$,
3. n ungerade " a positiv, für $x = \pm\infty$ $y = \pm\infty$,
4. n " " a negativ, für $x = \pm\infty$ $y = \mp\infty$;

d. h. im ersten Fall kommt die Kurve von oben links aus dem Unendlichen und geht nach rechts oben wieder ins Unendliche, im zweiten Fall ist oben mit unten vertauscht, im dritten Fall kommt die Kurve von unten links aus dem Unendlichen und läuft nach oben rechts wieder ins Unendliche, und im vierten Fall ist wieder oben mit unten vertauscht. (Vergleiche damit die bisherigen Ergebnisse.)

Der Differentialquotient der Funktion

$$\frac{dy}{dx} = nax^{n-1} + (n-1)\,bx^{n-2} + (n-2)\,cx^{n-3} + \cdots + 2px + q$$

ist vom $(n-1)$-ten Grade und zeigt damit an, daß die Funktion höchstens $n-1$ Maxima oder Minima haben kann.

2. Gemäß § 17 ist die Kurve symmetrisch zur y-Achse, wenn nur gerade Potenzen von x vorkommen, dagegen zentrisch symmetrisch zum Anfangspunkt, wenn nur ungerade Potenzen von x vorkommen und das absolute Glied fehlt (wie aber, wenn ein solches vorhanden ist? vgl. § 17, 1). Die y'-Linie ist im ersten Fall zentrisch symmetrisch zum Anfangspunkt, im zweiten Fall symmetrisch zur y-Achse.

3. Gemäß § 16 hat die Kurve der Funktion zweiten Grades stets ein Maximum oder ein Minimum, aber keinen Wendepunkt. Vom dritten Grade an treten erst Wendepunkte auf.

§ 19. Der Differentialquotient des Produktes zweier rationalen ganzen Funktionen.

Es sei $y = f(x)\,\varphi(x)$; dann ist

$$\frac{\Delta y}{\Delta x} = \frac{y_2 - y_1}{x_2 - x_1} = \frac{f(x_2)\,\varphi(x_2) - f(x_1)\,\varphi(x_1)}{x_2 - x_1}$$

$$= \frac{f(x_2)\,\varphi(x_2) - f(x_1)\,\varphi(x_1) - f(x_1)\,\varphi(x_2) + f(x_1)\,\varphi(x_2)}{x_2 - x_1}$$

$$= \varphi(x_2) \cdot \frac{f(x_2) - f(x_1)}{x_2 - x_1} + f(x_1) \cdot \frac{\varphi(x_2) - \varphi(x_1)}{x_2 - x_1}.$$ Daher

$$(5)\qquad \frac{d[f(x) \cdot \varphi(x)]}{dx} = \varphi(x)\,\frac{df(x)}{dx} + f(x)\,\frac{d\varphi(x)}{dx}.$$

§ 20. 1. Der Differentialquotient des Quotienten zweier rationalen ganzen Funktionen.

Es sei $y = \frac{f(x)}{\varphi(x)}$; dann ist für alle Werte von x, für die $\varphi(x)$ nicht gleich Null wird,

$$\frac{\Delta y}{\Delta x} = \frac{\frac{f(x_2)}{\varphi(x_2)} - \frac{f(x_1)}{\varphi(x_1)}}{x_2 - x_1} = \frac{1}{\varphi(x_2)\,\varphi(x_1)} \cdot \frac{f(x_2) \cdot \varphi(x_1) - f(x_1)\,\varphi(x_2)}{x_2 - x_1}$$

$$= \frac{1}{\varphi(x_2)\,\varphi(x_1)} \cdot \frac{f(x_2)\,\varphi(x_1) - f(x_1)\,\varphi(x_2) - f(x_1)\,\varphi(x_1) + f(x_1)\,\varphi(x_1)}{x_2 - x_1}$$

$$= \frac{1}{\varphi(x_2)\,\varphi(x_1)} \cdot \left(\varphi(x_1) \cdot \frac{f(x_2) - f(x_1)}{x_2 - x_1} - f(x_1) \cdot \frac{\varphi(x_2) - \varphi(x_1)}{x_2 - x_1}\right).$$

Demnach

$$(6)\qquad \frac{d\left(\frac{f(x)}{\varphi(x)}\right)}{dx} = \frac{1}{[\varphi(x)]^2}\cdot\left(\varphi(x)\frac{df(x)}{dx} - f(x)\cdot\frac{d\varphi(x)}{dx}\right).$$

2. Wendet man diese Formel auf $y = \frac{1}{x^n}$ an, worin n eine absolute ganze Zahl bedeutet, so ergibt sich $\frac{dy}{dx} = \frac{x^n . 0 - 1 . nx^{n-1}}{x^{2n}} = (-n)\cdot x^{(-n)-1}$. Demnach gilt die Formel (4) des § 15 auch für x^{-n}, d. h. für Potenzen von x mit negativen Exponenten.

Besonderer Beweis: $y = x^{-n}$, $y_1 = x_1^{-n}$, $y_2 = x_2^{-n}$,

$$\frac{\Delta y}{\Delta x} = \frac{x_2^{-n} - x_1^{-n}}{x_2 - x_1} = \frac{\frac{1}{x_2^n} - \frac{1}{x_1^n}}{x_2 - x_1} = -\frac{1}{x_2^n\cdot x_1^n}\cdot\frac{x_2^n - x_1^n}{x_2 - x_1},$$

$$\text{also}\quad \frac{dy}{dx} = -\frac{1}{x^{2n}}\cdot nx^{n-1} = -n . x^{-n-1} = (-n) . x^{(-n)-1}.$$

§ 21. Der Differentialquotient der Funktion einer Funktion.

Nach den bisherigen Regeln läßt sich der Differentialquotient von $y = (ax + b)^n$ nur in der Weise ableiten, daß man die Potenzierung vorher ausführt, was für größere n sehr umständlich ist. Führt man hier aber eine neue Veränderliche ein, nämlich $ax + b = u$, so ist $y = u^n$ und $u = ax + b$, daher

$$\frac{dy}{du} = nu^{n-1} \text{ und } \frac{du}{dx} = a, \text{ also } \frac{dy}{dx} = \frac{dy}{du}\cdot\frac{du}{dx} = n\,(ax+b)^{n-1}\cdot a.$$

Allgemein sei $y = f(\varphi(x))$; setzt man nun $\varphi(x) = u$, so ist $y = f(u)$ und

$$\frac{dy}{du} = \frac{df(u)}{du},\ \frac{du}{dx} = \frac{d\varphi(x)}{dx}, \text{ daher}$$

$$(7)\qquad \frac{df(u)}{dx} = \frac{df(u)}{du}\cdot\frac{du}{dx} \quad \text{(Kettenregel).}$$

§ 22. Die rationale gebrochene Funktion.

Eine rationale gebrochene Funktion besteht aus dem Quotienten zweier rationalen ganzen Funktionen: $y = \frac{f(x)}{\varphi(x)}$.

Von besonderer Wichtigkeit sind die Werte von x, für die die Funktion zu Null oder unendlich wird (die Nullstellen und Unendlichkeitsstellen der Kurve). Ersteres tritt ein, wenn der Zähler dem Nenner gegenüber unendlich klein wird, letzteres, wenn der Nenner dem Zähler gegenüber unendlich klein wird. Werden beide gleich 0 oder beide ∞, so bedarf es einer besonderen Untersuchung (vgl. dazu §§ 43 u. 44).

Die Untersuchung der Funktion auf Maxima und Minima erfolgt in derselben Weise wie bei den rationalen ganzen Funktionen (s. auch § 32 ff.). Als neu tritt hinzu die Bestimmung der Tangentenlage für unendlich entfernte Punkte der Bildkurve. Nimmt für solche Punkte die Tangente eine bestimmte Grenzlage an, der sich die Kurve immer mehr nähert, ohne sie jemals zu erreichen, so heißt sie Asymptote. Die Gleichung der Asymptote ist daher, wenn ihre laufenden Koordinaten mit ξ, η bezeichnet werden: $\eta - y = y'(\xi - x)$ für den Fall, daß x oder y oder beide ∞ werden.

Beispiele:

1. $y = \frac{x}{x^2+1}$; $y' = \frac{-x^2+1}{(x^2+1)^2}$; $y'' = \frac{2x^3-6x}{(x^2+1)^3}$; $y''' = \frac{-6x^4+36x^2-6}{(x^2+1)^4}$. Für $x=0$ wird $y=0$, $y'=1$, $y''=0$ (Wendetangente im Anfangspunkte unter 45^0). Für $x=\pm\infty$ wird $y = \frac{1}{x+\frac{1}{x}} = 0$ und $y' = \frac{-1+\frac{1}{x^2}}{\left(1+\frac{1}{x^2}\right)(x^2+1)} = 0$ (die x-Achse ist nach beiden Richtungen Asymptote). Für $x=1$ wird $y'=0$, $y''<0$, $y=\frac{1}{2}$ (Maximum in Höhe $\frac{1}{2}$). Für $x=-1$ wird $y'=0$, $y''>0$, $y=-\frac{1}{2}$ (Minimum in Höhe $-\frac{1}{2}$). Für $x=0$ wird $y''=0$, $y'=1$ (s. oben). Auch für $x=\pm\sqrt{3}$ wird $y''=0$ und $y'''>0$, ferner $y'=-\frac{1}{8}$, $y=\pm\frac{1}{4}\sqrt{3}$ (schwach fallende Wendetangenten). Die Kurve ist zentrisch symmetrisch, da für $x=\pm a$ die Ordinate zwei gleiche Werte mit entgegengesetzten Vorzeichen annimmt. Entwirf hiernach ein Bild der Kurve ohne Aufstellung einer Zahlentabelle.

2. $y = \frac{x^2-1}{x^2-4}$; $y' = \frac{-6x}{(x^2-4)^2}$; $y'' = \frac{18x^2+24}{(x^2-4)^3}$. Für $x=\pm 1$ wird $y=0$, $y'=\mp\frac{2}{3}$ (die Kurve schneidet die x-Achse mit $\operatorname{tg}\alpha = \mp\frac{2}{3}$). Für $x=\pm 2$ wird $y=\infty$ und $y'=\infty$ (die Parallelen zur y-Achse im Abstand ± 2 sind Asymptoten). Für $x=\pm\infty$ wird $y = \frac{1-\frac{1}{x^2}}{1-\frac{4}{x^2}} = 1$ und $y' = \frac{-6}{\left(x-\frac{4}{x}\right)(x^2-4)} = 0$ (auch die Parallele im Abstande $+1$ zur x-Achse ist Asymptote). Für $x=0$ wird $y'=0$, $y''<0$, $y=\frac{1}{4}$ (Maximum in Höhe $\frac{1}{4}$). Für Werte von x, die nahe bei ± 2 liegen, wird y sehr groß und zwar negativ, wenn der absolute Wert von x kleiner, positiv, wenn er größer als 2 ist. (Die Kurve springt also bei -2 aus dem positiven ins negative,

bei $+2$ aus dem negativen ins positive Unendliche über.) Die Kurve ist symmetrisch zur y-Achse, da y für $x = \pm a$ denselben Wert annimmt.

3. $y = \frac{x^2-1}{x}; y' = \frac{x^2+1}{x^2}; y'' = -\frac{2}{x^3}$. Kein Maximum und Minimum, kein Wendepunkt. Für $x = \pm 1$ ist $y = 0$, $y' = 2$. Für $x = 0$ ist $y = \infty, y' = \infty$, die y-Achse also Asymptote. Für $x = \pm \infty$ ist $y = x - \frac{1}{x} = \infty, y' = 1 + \frac{1}{x^2} = 1$, die Gleichung der Tangente daher $\eta - y = 1.(\xi - x)$ oder $\eta - x + \frac{1}{x} = \xi - x$ oder $\eta + \frac{1}{x} = \xi$, also, da $x = \pm \infty$, $\eta = \xi$. Mithin ist auch die Halbierungslinie des ersten und dritten Quadranten Asymptote. Kurve zentrisch symmetrisch zum Anfangspunkt.

§ 23. Differentialquotient von x^n für gebrochene n.

Ist $y = x^{\frac{m}{n}}$, so ist $y_1 = x_1^{\frac{m}{n}}$, $y_2 = x_2^{\frac{m}{n}}$,

$$\frac{\Delta y}{\Delta x} = \frac{x_2^{\frac{m}{n}} - x_1^{\frac{m}{n}}}{x_2 - x_1} = \frac{\left(x_2^{\frac{1}{n}}\right)^m - \left(x_1^{\frac{1}{n}}\right)^m}{x_2^{\frac{1}{n}} - x_1^{\frac{1}{n}}} \cdot \frac{x_2^{\frac{1}{n}} - x_1^{\frac{1}{n}}}{\left(x_2^{\frac{1}{n}}\right)^n - \left(x_1^{\frac{1}{n}}\right)^n},$$

$$\frac{dy}{dx} = m \, . \left(x^{\frac{1}{n}}\right)^{m-1} \cdot \frac{1}{n\left(x^{\frac{1}{n}}\right)^{n-1}} = \frac{m}{n}\, x^{\frac{m}{n}-1}.$$

Demnach gilt die Formel

$$\frac{d(x^n)}{dx} = nx^{n-1}$$

für jedes ganze oder gebrochene, positive oder negative n.

Mit Hilfe der abgeleiteten Formeln läßt sich der Differentialquotient einer jeden **algebraischen Funktion von x** (d. h. eines jeden Ausdrucks, der nur durch Anwendung der vier Grundrechnungsarten, des Potenzierens und des Radizierens entsteht) bestimmen.

Anmerkung: Es lassen sich jetzt also auch Funktionen untersuchen wie z. B. die Neilsche Parabel $y = \sqrt[3]{x^2}$, bei der $y' = \frac{2}{3}x^{-\frac{1}{3}}, y'' = -\frac{2}{9}x^{-\frac{4}{3}}$ ist. Die Kurve ist symmetrisch zur y-Achse. Für $x = 0$ ist $y = 0$, $y' = \infty$, für $x = \pm 1$ dagegen $y = 1$, $y' = \pm \frac{2}{3}$ und für $x = \pm \infty$ $y = \infty$, $y' = 0$. Danach ist der ungefähre Verlauf der Kurve leicht zu zeichnen.

§ 24. Ermittelung des Differentialquotienten unentwickelter Funktionen.

In vielen Fällen ist die Funktion, deren Differentialquotient zu ermitteln ist, nicht „entwickelt" in der Form $y = f(x)$ gegeben, so wenn die Gleichung

$$ax^2 + by^2 = c$$

vorliegt. Nach der bisherigen Art wäre dann der Differentialquotient folgendermaßen zu bestimmen:

$$y^2 = \frac{-ax^2 + c}{b}; \quad y = \pm\sqrt{\frac{-ax^2 + c}{b}} = \pm\left(\frac{-ax^2 + c}{b}\right)^{\frac{1}{2}}$$

$$\frac{dy}{dx} = \pm\frac{1}{2}\left(\frac{-ax^2 + c}{b}\right)^{-\frac{1}{2}} \cdot \frac{-2ax}{b} = \frac{1}{2y} \cdot \frac{-2ax}{b} = -\frac{ax}{by}.$$

Um dieses etwas umständliche Verfahren zu vermeiden, betrachtet man $ax^2 + by^2$ als eine Funktion von x, was ax^2 ja ohne weiteres, by^2 aber mittelbar ist, da by^2 zunächst eine Funktion von y, y aber wieder eine (noch nicht entwickelte) Funktion von x ist. Nun ist $\frac{d(ax^2)}{dx} = 2ax$ und $\frac{d(by^2)}{dx} = \frac{d(by^2)}{dy} \cdot \frac{dy}{dx} = 2by\frac{dy}{dx}$. Da aber $ax^2 + by^2 = c$ ist, so ist $\frac{d(ax^2 + by^2)}{dx} = 0$ oder $2ax + 2by\frac{dy}{dx} = 0$, mithin $\frac{dy}{dx} = -\frac{ax}{by}$.

§ 25. Trigonometrische Funktionen.

1. Mit den trigonometrischen Funktionen wird das Gebiet der **transzendenten Funktionen** betreten, d. h. solcher Funktionen, die sich nicht durch eine begrenzte Zahl von Anwendungen der sechs ersten Rechnungsarten darstellen lassen.

2. Bei der graphischen Darstellung wie bei der Differenzierung der trigonometrischen Funktionen ist es notwendig, auch die Winkel durch Längen zu messen, damit sie zu den Funktionen in ein vergleichbares Verhältnis gebracht werden können. Im folgenden soll daher x das **Bogenmaß** des betreffenden Winkels bedeuten, d. h. **die Länge des zu dem Winkel gehörigen Bogens in einem Kreise, dessen Halbmesser der Längeneinheit gleich ist (dem Einheitskreis).** Es ist demnach $1^0 = \frac{2\pi}{360} = \frac{\pi}{180}$, $\alpha^0 = \frac{\alpha\pi}{180}$, $90^0 = \frac{\pi}{2}$, $180^0 = \pi$, $270^0 = \frac{3\pi}{2}$, $360 = 2\pi$ usw.

3. Die graphische Darstellung der trigonometrischen Funktionen in den Figuren 6 und 8 läßt deutlich erkennen, daß es **periodische Funktionen mit der Periode 360° oder 2π** sind.

§ 26. Differentialquotienten von sin x und cos x.

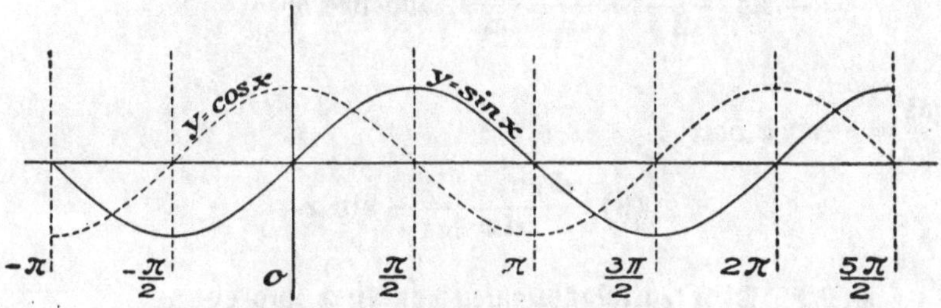

Fig. 6.

$$\text{a)}\quad y = \sin x;\quad \frac{\Delta y}{\Delta x} = \frac{\sin x_2 - \sin x_1}{x_2 - x_1} = \frac{2\cos\frac{x_2 + x_1}{2}\cdot\sin\frac{x_2 - x_1}{2}}{x_2 - x_1}$$

$$= \cos\frac{x_2 + x_1}{2}\cdot\frac{\sin\frac{x_2 - x_1}{2}}{\frac{x_2 - x_1}{2}}.$$ Nähert sich nun x_2 dem Werte x_1, so nähert sich $\frac{\sin\frac{x_2 - x_1}{2}}{\frac{x_2 - x_1}{2}}$ dem Werte 1.

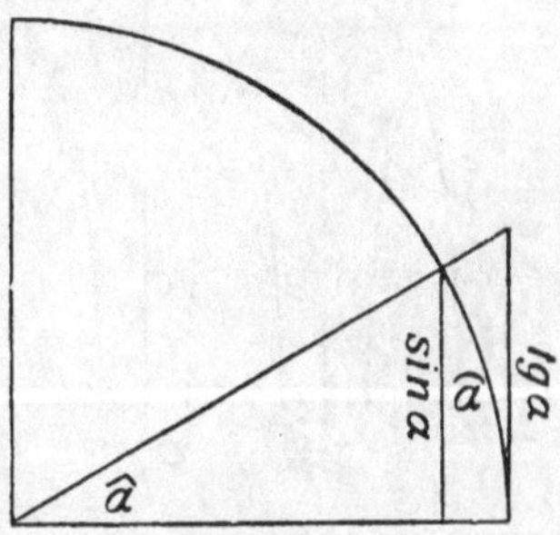

Fig. 7.

Denn es ergibt sich beim Vergleich der beiden rechtwinkligen Dreiecke und des Kreisausschnitts in Fig. 7 $\frac{1}{2}\,\mathrm{tg}\,\alpha \,.\, 1 > \frac{1}{2}\,\widehat{a} \,.\, 1 > \frac{1}{2}\sin\alpha \,.\, \cos\alpha$ oder $\frac{\cos\alpha}{\sin\alpha} < \frac{1}{\widehat{a}} < \frac{1}{\sin\alpha\,.\,\cos\alpha}$ oder $\cos\alpha < \frac{\sin\alpha}{\widehat{a}} < \frac{1}{\cos\alpha}$. Wird nun $\widehat{a}$ gleich 0, so sind die beiderseitigen Grenzen 1.

Daher ist $\frac{dy}{dx} = \cos x$ oder (8) $\frac{d\sin x}{dx} = \cos x$.

$$\text{b)}\quad y = \cos x;\quad \frac{\Delta y}{\Delta x} = \frac{\cos x_2 - \cos x_1}{x_2 - x_1} = \frac{-2\sin\frac{x_2 + x_1}{2}\cdot\sin\frac{x_2 - x_1}{2}}{x_2 - x_1}$$

$$= -\sin\frac{x_2+x_1}{2}\cdot\frac{\sin\frac{x_2-x_1}{2}}{\frac{x_2-x_1}{2}},$$ also wie oben

$\frac{dy}{dx} = -\sin x$ oder

$$(9)\qquad \frac{d\cos x}{dx} = -\sin x.$$

§ 27. Differentialquotienten von tg x und cot x.

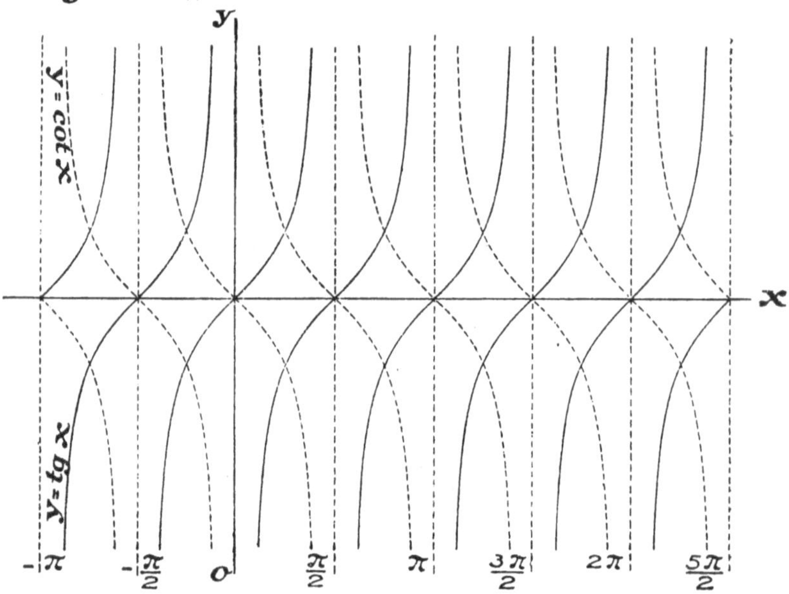

Fig. 8.

a) $y = \operatorname{tg} x = \frac{\sin x}{\cos x}$; $\frac{dy}{dx} = \frac{1}{\cos^2 x}\left(\cos x\frac{d\sin x}{dx} - \sin x\frac{d\cos x}{dx}\right)$

$$= \frac{1}{\cos^2 x}(\cos^2 x + \sin^2 x) = \frac{1}{\cos^2 x}.$$ Demnach

$$(10)\qquad \frac{d\operatorname{tg} x}{dx} = \frac{1}{\cos^2 x} = 1 + \operatorname{tg}^2 x.$$

b) $y = \cot x = \frac{\cos x}{\sin x}$; $\frac{dy}{dx} = \frac{1}{\sin^2 x}\left(\sin x\frac{d\cos x}{dx} - \cos x\frac{d\sin x}{dx}\right)$

$$= \frac{1}{\sin^2 x}(-\sin^2 x - \cos^2 x) = -\frac{1}{\sin^2 x}$$

$$(11) \quad \frac{d \cot x}{dx} = -\frac{1}{\sin^2 x} = -(1 + \cot^2 x).$$

§ 28. Differentialquotienten der zyklometrischen Funktionen.

a) Ist $y = \text{arc} \sin x$ (d. h. der Bogen, dessen Sinus den Wert x hat), so ist $x = \sin y$, also $\frac{dx}{dy} = \cos y$, daher $\frac{dy}{dx} = \frac{1}{\cos y}$.

$$(12) \quad \frac{d(\text{arc} \sin x)}{dx} = \frac{1}{\sqrt{1 - x^2}}.$$

b) Ist $y = \text{arc} \cos x$, so ist $x = \cos y$, also $\frac{dx}{dy} = -\sin y$ oder $\frac{dy}{dx} = -\frac{1}{\sin y}$.

$$(13) \quad \frac{d(\text{arc} \cos x)}{dx} = -\frac{1}{\sqrt{1 - x^2}}.$$

c) Ebenso einfach folgt aus:

$$y = \text{arc tg}\, x,\ x = \text{tg}\, y,\ \frac{dx}{dy} = 1 + \text{tg}^2 y \text{ und}$$

$$(14) \quad \frac{d(\text{arc tg}\, x)}{dx} = \frac{1}{1 + x^2}.$$

und

d) aus $y = \text{arc} \cot x$, $x = \cot y$, $\frac{dx}{dy} = -(1 + \cot^2 y)$ oder

$$(15) \quad \frac{d(\text{arc} \cot x)}{dx} = -\frac{1}{1 + x^2}.$$

§ 29. Differentialquotient von $\log x$.

$$y = \log x; \quad \frac{\Delta y}{\Delta x} = \frac{\log x_2 - \log x_1}{x_2 - x_1} = \frac{\log \frac{x_2}{x_1}}{x_2 - x_1}.$$

Nun ist $x_2 - x_1 = \Delta x$, also $x_2 = x_1 + \Delta x$, demnach

$$\frac{\Delta y}{\Delta x} = \frac{\log\left(1 + \frac{\Delta x}{x_1}\right)}{\Delta x} = \log\left(1 + \frac{\Delta x}{x_1}\right)^{\frac{1}{\Delta x}} \cdot$$ Setzt man nun

$$\frac{\Delta x}{x_1} = \frac{1}{n}, \text{ so ist } \frac{1}{\Delta x} = \frac{n}{x_1}, \text{ mithin}$$

$$\frac{\Delta y}{\Delta x} = \log\left(1 + \frac{1}{n}\right)^{\frac{n}{x_1}} = \frac{1}{x_1} \log\left(1 + \frac{1}{n}\right)^n.$$

Wird nun Δx bei festgehaltenem x_1 unendlich klein, so wird n unendlich groß und der Ausdruck $\left(1 + \frac{1}{n}\right)^n$ nähert sich (§ 37 und 38) einer Zahl 2,718281828459 . . ., die als die **Basis des natürlichen Logarithmensystems** bekannt ist und mit e bezeichnet wird.

$$(16) \quad \frac{d \log x}{dx} = \frac{1}{x} \log e,$$

oder wenn der ursprüngliche Logarithmus schon ein natürlicher (l) von der Basis e ist,

$$(17) \quad \frac{dlx}{dx} = \frac{1}{x}.$$

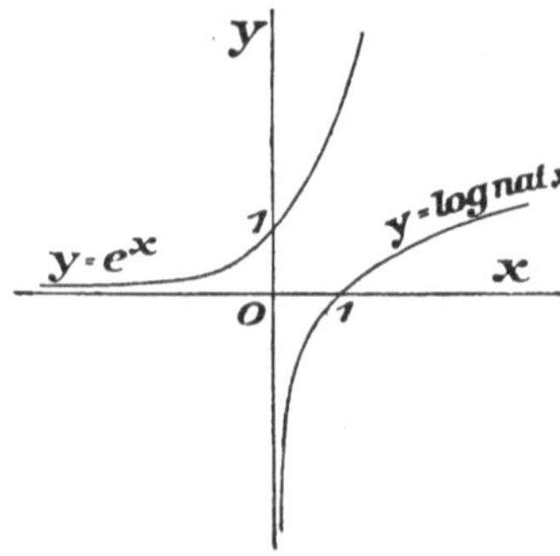

Fig. 9.

§ 30. Differentialquotient der Exponentialfunktion.

1. $y = a^x$. Nimmt man von beiden Seiten den natürlichen Logarithmus, so ergibt sich $ly = x \cdot la$ oder, wenn man nach x differenziert, $\frac{1}{y}\frac{dy}{dx} = la$, mithin $\frac{dy}{dx} = y \cdot la$ oder

$$(18) \quad \frac{da^x}{dx} = a^x \cdot la.$$

Da $le = 1$ ist, so erhält man

$$(19) \quad \frac{de^x}{dx} = e^x.$$

2. $y = e^x$ heißt die Funktion des organischen Wachsens. Werden bei der Zinseszinsberechnung die Zinsen nach jedem $m$ten Teil des Jahres zum Kapital geschlagen, so ist $k = c\left(1 + \frac{p}{100m}\right)^{mn}$. Setzt man nun $\frac{100m}{p} = a$, so ist $m = \frac{ap}{100}$, also $k = c\left(1 + \frac{1}{a}\right)^{\frac{apn}{100}} = c\left[\left(1 + \frac{1}{a}\right)^a\right]^{\frac{np}{100}}$. Werden nun die Zinsen in jedem Augenblick zum Kapital geschlagen, also m und damit auch $a = \infty$, so wird $\lim\limits_{a=\infty}\left(1 + \frac{1}{a}\right)^a = e$, mithin $k = c \,.\, e^{\frac{np}{100}}$. Dieser Regel

y	y'	y''	y'''	y''''
x^n	nx^{n-1}	$n(n-1)\,x^{n-2}$	$n(n-1)(n-2)\,x^{n-3}$	$n(n-1)(n-2)(n-3)\,x^{n-4}$
$\sin x$	$\cos x$	$-\sin x$	$-\cos x$	$\sin x$
$\cos x$	$-\sin x$	$-\cos x$	$\sin x$	$\cos x$
$l\,x$	$\frac{1}{x}$	$-\frac{1}{x^2}$	$\frac{1\cdot 2}{x^3}$	$-\frac{1\cdot 2\cdot 3}{x^4}$
$\log x$	$\frac{1}{x}\log e$	$-\frac{1}{x^2}\log e$	$\frac{1\cdot 2}{x^3}\log e$	$-\frac{1\cdot 2\cdot 3}{x^4}\log e$
e^x	e^x	e^x	e^x	e^x
a^x	$a^x\,la$	$a^x(la)^2$	$a^x(la)^3$	$a^x(la)^4$
$\operatorname{arc\,tg} x$	$\frac{1}{1+x^2}$	$\frac{-2x}{(1+x^2)^2}$	$\frac{6x^2-2}{(1+x^2)^3}$	$\frac{24x-24x^3}{(1+x^2)^4}$

folgt das geschäftliche Leben natürlich nicht, wohl aber das Wachstum der Lebewesen, da bei ihnen (im allgemeinen) der in jedem Augenblick erzielte Zuwachs der gewonnenen Größe proportional ist (wie die Zinsen dem bereits angesammelten Kapital).

§ 31. In der vorstehenden Tabelle sind die leicht zu berechnenden vier ersten Differentialquotienten der hauptsächlichsten Funktionen zusammengestellt.

Zweiter Abschnitt.

Anwendungen der Differentialrechnung.

A. Maxima und Minima.

§ 32. 1. **Die Untersuchung in § 16,3 hatte folgendes Ergebnis: Wird für einen bestimmten Wert von x der erste Differentialquotient der Funktion $y = f(x)$ zu Null und ist der zweite Differentialquotient positiv (oder negativ), so hat die Funktion für jenen Wert von x ein Minimum (oder Maximum).**

Anmerkung: Ist aber auch der zweite Differentialquotient gleich Null, so bedarf es einer weiteren Untersuchung, ob ein Minimum oder Maximum vorhanden ist. Diese Untersuchung entspricht genau der obigen und liefert das allgemeinere Ergebnis:

Verschwinden für einen bestimmten Wert von x die Differentialquotienten der ersten, zweiten, dritten usw. Ordnung, so hat die Funktion für jenen Wert ein Minimum (Maximum), wenn der erste nicht verschwindende Differentialquotient von gerader Ordnung und positiv (negativ) ist.

2. Die Untersuchung des ersten Differentialquotienten genügt, wenn

1) aus andern Gründen von vornherein feststeht, daß ein Maximum (Minimum) vorliegen muß,

2) wenn man zeigen kann, daß die untersuchte Funktion unmittelbar vor und hinter dem vermuteten Maximum (Minimum) kleinere (größere) Werte besitzt,

3) wenn man zeigen kann, daß der erste Differentialquotient vor dem vermuteten Maximum (Minimum) positiv (negativ), dahinter aber negativ (positiv) ist.

§ 33. **1.** Bei den Aufgaben erhält man gewöhnlich zunächst $y = f(x, z)$, d. h. die zu untersuchende Größe als Funktion zweier Veränderlichen x und z, zwischen denen alsdann noch eine Gleichung $\varphi(x, z) = 0$ gesucht werden muß. Man kann nun weiter auf zwei Arten verfahren.

a) Aus der Gleichung $\varphi(x, z) = 0$ entwickelt man z als Funktion von x, setzt den Wert in die Gleichung für y ein, differenziert nach x und setzt den Differentialquotienten gleich Null.

b) Man betrachtet in der Gleichung $y = f(x, z)$ die Veränderliche z als Funktion von x und differenziert nach x, wobei dann natürlich $\frac{dz}{dx}$ auftritt. Ebenso differenziert man $\varphi(x, z) = 0$ nach x und erhält auch hier $\frac{dz}{dx}$, dessen Wert man in der Gleichung $\frac{dy}{dx} = 0$ alsdann verwendet.

2. Diese beiden Methoden mögen an folgendem Beispiel veranschaulicht werden.

Aufgabe: Welcher unter den einem Kegel einbeschriebenen Zylindern hat den größten Rauminhalt?

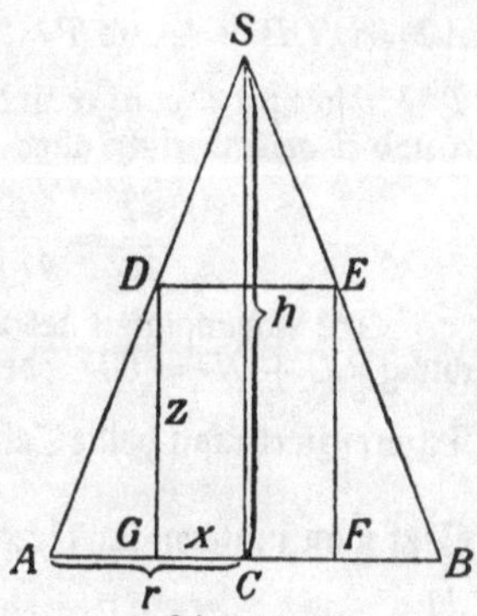

Fig. 10.

Lösung: Denkt man sich den Zylinder in dem Kegel veränderlich, so erhält man als Grenzwerte für den Rauminhalt beide Male 0, da der Zylinder einmal mit der Grundfläche, das andere Mal mit der Höhe des Kegels zusammenfällt. Dazwischen muß der Rauminhalt einen größten Wert erreichen. Es genügt also die Untersuchung des ersten Differentialquotienten.

a) $y = x^2\pi z;\ z:h = (r - x):r;\ z = h - \frac{hx}{r};$

$$y = x^2\pi h - \frac{h\pi x^3}{r};\quad y' = 2x\pi h - \frac{3h\pi x^2}{r} = 0;\quad x_m = \frac{2}{3}r.$$

b) $y = x^2\pi z;\ y' = 2x\pi z + x^2\pi\frac{dz}{dx};\ rz = hr - hx;$

$$r\frac{dz}{dx} = -h;\ y' = 2x\pi z - \frac{x^2\pi h}{r} = 0;$$

$$z_m = \frac{x_m \cdot h}{2r};\ \frac{x_m \cdot h}{2} = hr - hx_m;\ x_m = \frac{2}{3}r.$$

Bemerkung: Bei der Untersuchung des für y gefundenen Ausdrucks kann ein konstanter Summand oder ein konstanter Faktor weggelassen werden (weshalb?). Auch ist es in vielen Fällen vorteilhaft, y^2 statt y zu untersuchen, das ja, wenn negative y nicht in Betracht kommen, mit y gleichzeitig den größten und kleinsten Wert erreicht, oder $\frac{1}{y'}$, wobei das Umgekehrte der Fall ist.

§ 34. Schwierigere Beispiele aus der Physik.

Aufgabe 1: Ein Körper soll sich geradlinig von A aus nach einem Punkte der Geraden L und von dort nach B bewegen. Die (konstante) Geschwindigkeit auf dem ganzen Wege sei c. Welchen Weg muß er einschlagen, wenn er den Zielpunkt in der kürzesten Zeit erreichen soll?

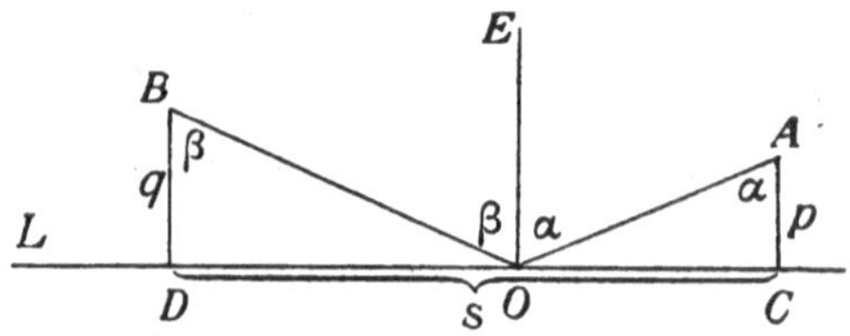

Fig. 11.

Lösung: t_1, t_2 und T seien die Zeiten, die der Körper für die Wege AO, OB und $AO + OB$ gebraucht. Dann ist $AO = ct_1$, $OB = ct_2$ und $T = t_1 + t_2 = \frac{AO}{c} + \frac{OB}{c} = \frac{p}{c \cdot \cos\alpha} + \frac{q}{c \cdot \cos\beta}$ (Fig. 11). T ist also von c, p, q, α und β abhängig; hiervon sind c, p und q konstant, α und β veränderlich, aber so, daß sich β nach α richtet. Es muß daher

$$\frac{dT}{d\alpha} = \frac{p \sin\alpha}{c \cdot \cos^2\alpha} + \frac{q \sin\beta}{c \cdot \cos^2\beta} \frac{d\beta}{d\alpha} = 0 \text{ sein.}$$

Die Abhängigkeit des Winkels β von α findet ihren Ausdruck in der Gleichung $OC + OD = CD$ oder $p \operatorname{tg}\alpha + q \operatorname{tg}\beta = s$, worin s unveränderlich. Differenziert man beide Seiten nach α, so erhält man $\frac{p}{\cos^2\alpha} + \frac{q}{\cos^2\beta} \frac{d\beta}{d\alpha} = 0.$

Setzt man nun den sich hieraus ergebenden Wert für $\frac{d\beta}{d\alpha}$ in die Gleichung für $\frac{dT}{d\alpha}$ ein, so folgt $\frac{\sin\alpha}{c} = \frac{\sin\beta}{c}$ oder $\alpha = \beta$ (Reflexionsgesetz der Optik).

Daß im vorliegenden Fall ein Minimum überhaupt vorliegt, zeigt eine einfache Betrachtung der Verschiebung des Punktes O auf L nach beiden Seiten.

Aufgabe 2: Ein Körper soll sich geradlinig mit der Geschwindigkeit c_1 von A aus nach einem Punkt der Geraden L und von dort mit der Geschwindigkeit c_2 nach einem Punkt B auf der andern Seite von L weiterbewegen. Welchen Weg muß er einschlagen, wenn er den Zielpunkt in möglichst kurzer Zeit erreichen soll?

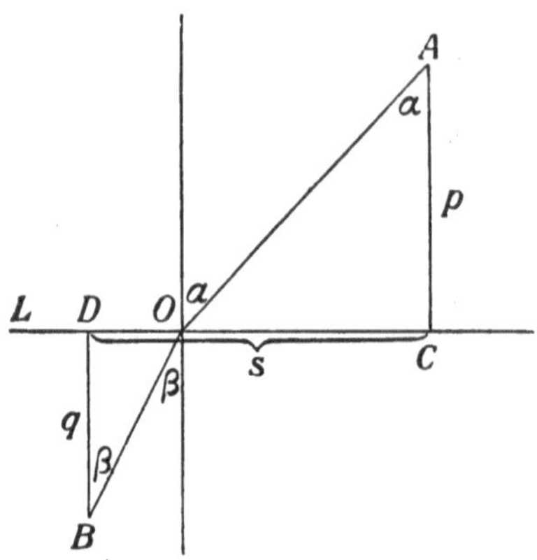

Fig. 12.

Lösung: Der vorigen Aufgabe entsprechend ist $AO = c_1 t_1$, $OB = c_2 t_2$, also $T = \frac{AO}{c_1} + \frac{OB}{c_2} = \frac{p}{c_1 \cdot \cos\alpha} + \frac{q}{c_2 \cdot \cos\beta}$; $\frac{dT}{d\alpha} = \frac{p \sin\alpha}{c_1 \cos^2\alpha} + \frac{p \sin\beta}{c_2 \cos^2\beta} \cdot \frac{d\beta}{d\alpha} = 0.$

Da nun $p \operatorname{tg}\alpha + q \operatorname{tg}\beta = s$ und mithin $\frac{p}{\cos^2\alpha} + \frac{q}{\cos^2\beta}\frac{d\beta}{d\alpha} = 0$ ist, so ergibt sich durch Einsetzung des Wertes von $\frac{d\beta}{d\alpha}$ die Gleichung $\frac{\sin\alpha}{c_1} = \frac{\sin\beta}{c_2}$ oder $\frac{\sin\alpha}{\sin\beta} = \frac{c_1}{c_2}$ (Brechungsgesetz der Optik).

Aufgabe 3: Unter welchen Umständen erreicht die Ablenkung beim Durchgang eines Lichtstrahles durch ein Prisma den kleinsten Wert?

Lösung: Die Gesamtablenkung ist $\delta = \alpha_1 + \alpha_2 - \gamma$, worin γ konstant und α_2 von α_1 abhängig ist. Mithin ist für das Minimum der Ablenkung — daß ein solches vorhanden ist, lehrt der Versuch — $\frac{d\delta}{d\alpha_1} = 1 + \frac{d\alpha_2}{d\alpha_1} = 0$ oder $\frac{d\alpha_2}{d\alpha_1} = -1$. Die Beziehung zwischen α_1 und α_2 wird dargestellt durch die drei Gleichungen: $\sin\alpha_1 = n \sin\beta_1$; $\sin\alpha_2 = n \cdot \sin\beta_2$ und $\beta_1 + \beta_2 = \gamma$, woraus sich durch Differentiation nach α_1 ergibt: $\cos\alpha_1 = n \cos\beta_1 \frac{d\beta_1}{d\alpha_1}$; $\cos\alpha_2 \frac{d\alpha_2}{d\alpha_1} = n \cos\beta_2 \frac{d\beta_2}{d\alpha_1}$ und $\frac{d\beta_1}{d\alpha_1} + \frac{d\beta_2}{d\alpha_1} = 0.$ Aus diesen Gleichungen läßt sich folgern $\frac{\cos\alpha_1}{\cos\beta_1} = \frac{\cos\alpha_2}{\cos\beta_2}$ oder $\cos\alpha_1 \cos\beta_2 = \cos\alpha_2 \cos\beta_1$, woraus sich durch Subtraktion und Addition der Gleichung $\sin\alpha_1 \sin\beta_2 = \sin\alpha_2 \sin\beta_1$ ergibt:

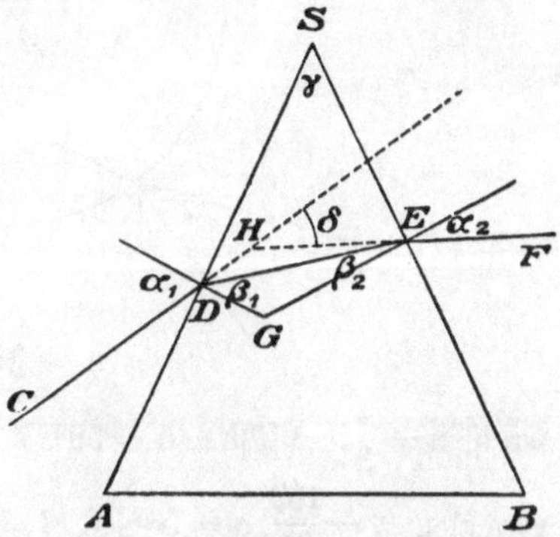

Fig. 13.

$$\cos(\alpha_1 + \beta_2) = \cos(\alpha_2 + \beta_1) \text{ und } \cos(\alpha_1 - \beta_2) = \cos(\alpha_2 - \beta_1).$$

Mithin ist $\alpha_1 + \beta_2 = \alpha_2 + \beta_1$ und $\alpha_1 - \beta_2 = \alpha_2 - \beta_1$, daher $\alpha_1 = \alpha_2$ und $\beta_1 = \beta_2$.

Aufgabe 4: Wenn ein Lichtstrahl BC parallel zu AO wie in Fig. 14, indem er also bei C und E gebrochen und bei D zurückgeworfen wird, durch den Regentropfen hindurch geht, so ist die Gesamtablenkung $\delta = \sphericalangle BGF = 4\beta - 2\alpha$. Der Strahl AO würde in sich selbst zurückgehen, seine Ablenkung also gleich Null sein. Verschiebt man aber AO parallel, so wird, wie sich durch Rechnung und Zeichnung zeigen läßt, die Ablenkung immer größer, wächst zu einem Maximum an und nimmt darauf wieder ab. In der Nähe dieses Maximums sind die austretenden Strahlen nahezu parallel. Wie groß ist hierfür α, β und δ?

Lösung: Da $\delta = 4\beta - 2\alpha$, worin β durch die Gleichung $\sin\alpha = n \sin\beta$ von α abhängig ist, so muß für das Maximum $\frac{d\delta}{d\alpha} = 4\frac{d\beta}{d\alpha} - 2 = 0$ oder $\frac{d\beta}{d\alpha}$

$=\frac{1}{2}$ sein. Nun ist ferner $\cos\alpha = n\cos\beta\,\frac{d\beta}{d\alpha}$, daher $\cos\alpha = \frac{n}{2}\cos\beta$ und, wie oben, $\sin\alpha = n\sin\beta$. Drückt man in diesen beiden Gleichungen die cosinus durch die sinus aus, so ergibt sich $\sin\alpha = \sqrt{\frac{4-n^2}{3}}$. Für rote Strah-

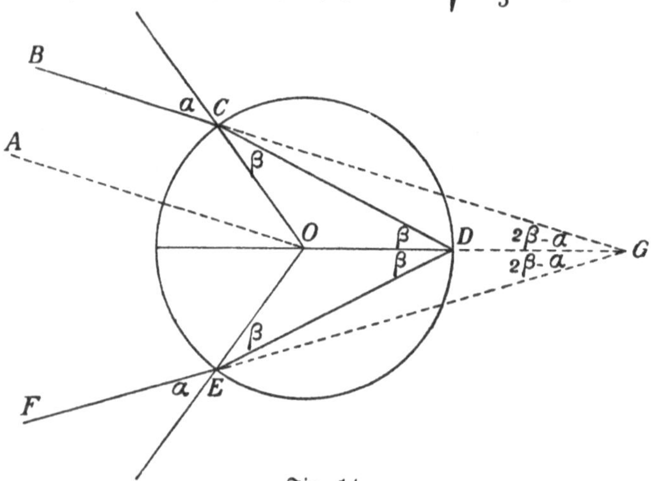

Fig. 14.

len ist $n = \frac{4}{3}$, mithin $\alpha = 59^\circ 23'$, $\beta = 40^\circ 12'$, $\delta = 42^\circ 2'$; für violette Strahlen $n = \frac{109}{81}$, $\alpha = 58^\circ 40'$, $\beta = 39^\circ 24'$, $\delta = 40^\circ 16'$.

Frage: Wie ändert sich die Rechnung, wenn der Lichtstrahl (wie beim Nebenregenbogen) im Innern des Tropfens zweimal zurückgeworfen wird?

B. Entwicklung von Funktionen in Potenzreihen.

§ 35. Eine Reihe von der Form

$$f(x) = a_0 + a_1 x + a_2 x^2 + a_3 x^3 + a_4 x^4 + \cdots$$

heißt eine **Potenzreihe.** Sie kann einen geschlossenen Ausdruck $f(x)$ nur für solche Werte von x ersetzen, für die **die Reihe konvergiert, d. h. für die die Summe der Glieder sich bei unendlich wachsender Gliederzahl einem bestimmten endlichen Werte nähert.**

Diese Bedingung ist erfüllt, wenn der aus einem Gliede und dem vorhergehenden gebildete Quotient $a_{m+1}x^{m+1} : a_m x^m$, absolut genommen, von vornherein oder von einem bestimmten Gliede an kleiner als 1 ist und sich bei unbegrenzt wachsendem m einer Zahl q unter 1 (einem echten Bruch) nähert.

§ 36. Nun ist

$$f(x) = a_0 + a_1 x + a_2 x^2 + a_3 x^3 + a_4 x^4 + \cdots, \text{ daher}$$
$$f'(x) = a_1 + 2a_2 x + 3a_3 x^2 + 4a_4 x^3 + \cdots,$$
$$f''(x) = 2a_2 + 3.2.a_3.x + 4.3.a_4 x^2 + \cdots,$$
$$f'''(x) = 3.2.a_3 + 4.3.2.a_4 x + \cdots,$$
$$f''''(x) = 4.3.2.a_4 + \cdots \text{ usw.}$$

Demnach ist $f(0) = a_0$, $f'(0) = a_1$, $f''(0) = 2a_2$, $f'''(0) = 3.2.a_3$, $f''''(0) = 4.3.2.a_4$ usw., oder $a_0 = f(0)$, $a_1 = f'(0)$, $a_2 = \frac{f''(0)}{1.2}$, $a_3 = \frac{f'''(0)}{1.2.3}$, $a_4 = \frac{f''''(0)}{1.2.3.4}$ usw.

Hieraus ergibt sich die **Reihe von Mac Laurin:**

$$(1)\quad f(x) = f(0) + f'(0).x + \frac{f''(0)}{1.2}x^2 + \frac{f'''(0)}{1.2.3}x^3 + \cdots$$

§ 37. Die Binomische Reihe.

$f(x) = (a+x)^n$; $f'(x) = n(a+x)^{n-1}$; $f''(x) = n(n-1)(a+x)^{n-2}$; $f'''(x) = n(n-1)(n-2)(a+x)^{n-3}$ usw. Daher

$$(2)\quad (a+x)^n = a^n + na^{n-1}x + \frac{n(n-1)}{1.2}a^{n-2}x^2$$
$$+ \frac{n(n-1)(n-2)}{1.2.3}a^{n-3}x^3 + \cdots + \frac{n(n-1)\cdots(n-p+1)}{1.2.3\cdots p}a^{n-p}x^p$$
$$+ \frac{n(n-1\cdots(n-p)}{1.2.3\cdots(p+1)}a^{n-p-1}x^{p+1} + \cdots$$

Da die benutzten Differentialquotienten für beliebige n gelten, so trifft dies auch für die Reihe selbst zu.

Konvergenzbedingung: Es ist

$$q = \lim_{p=\infty}\left[\frac{n(n-1)\cdots(n-p)}{1.2.3\cdots(p+1)}a^{n-p-1}x^{p+1}\right.$$
$$\left. : \frac{n(n-1)\cdots(n-p+1)}{1.2.3\cdots p}.a^{n-p}x^p\right] = \lim_{p=\infty}\left[\frac{n-p}{p+1}\cdot\frac{x}{a}\right]$$

Nun ist $\lim_{p=\infty}\left[\frac{n-p}{p+1}\right] = \lim_{p=\infty}\left[\frac{\frac{n}{p}-1}{1+\frac{1}{p}}\right] = -1$. Daher muß, damit $q < 1$ sei, $\frac{x}{a}$ ein echter Bruch sein, oder $-a < x < +a$.

Bemerkung: Hiernach ergibt sich (vgl. § 29).

$$\left(1+\frac{1}{n}\right)^n = 1 + n \cdot \frac{1}{n} + \frac{n(n-1)}{1.2} \cdot \frac{1}{n^2} + \frac{n(n-1)(n-2)}{1.2.3} \frac{1}{n^3} + \cdots$$

$$= 1 + 1 + \frac{1.(1-\frac{1}{n})}{1.2} + \frac{1.\left(1-\frac{1}{n}\right)\left(1-\frac{2}{u}\right)}{1.2.3} + \cdots, \text{ folglich}$$

$$e = \lim_{n=\infty}\left(1+\frac{1}{n}\right)^n = 1 + 1 + \frac{1}{1.2} + \frac{1}{1.2.3} + \frac{1}{1.2.3.4} + \cdots$$

(s. § 38).

§ 38. Reihe für die Exponentialfunktion.

1. $f(x) = e^x$. Unter Benutzung der in § 31 zusammengestellten Differentialquotienten ergibt sich nach der Reihe von Mac Laurin

$$(3)\quad e^x = 1 + x + \frac{x^2}{1.2} + \frac{x^3}{1.2.3} + \frac{x^4}{1.2.3.4} + \cdots$$

Konvergenzbedingung: $\lim_{m=\infty}\left[\frac{x^m}{m!} : \frac{x^{m-1}}{(m-1)!}\right] < 1$ oder $\lim_{m=\infty} \frac{x}{m} < 1$, daher $-\infty < x < +\infty$.

2. $f(x) = a^x$. Nach § 31 und § 36 ist

$$(4)\quad a^x = 1 + la \,.\, x + \frac{(la)^2}{1.2} x^2 + \frac{(la)^3}{1.2.3} x^3 + \cdots$$

Konvergenzbedingung: $\lim_{m=\infty}\left[\frac{(la)^m}{m!} x^m : \frac{(la)^{m-1}}{(m-1)!} x^{m-1}\right] < 1$, oder $\lim_{m=\infty} \frac{la \,.\, x}{m} < 1$, daher $-\infty < x < +\infty$.

3. Setzt man in der Reihe für e^x $x = 1$, so erhält man

$$(5)\quad e = 1 + 1 + \frac{1}{1.2} + \frac{1}{1.2.3} + \frac{1}{1.2.3.4} + \cdots$$

Eine Berechnung von e auf Grund dieser Reihe liefert bis zum Gliede $\frac{1}{20!}$ einschließlich den Wert $e = 2{,}718281828459045335 \cdots$

§ 39. Logarithmische Reihen.

Da lx für $x=0$ gleich $-\infty$ wird, läßt sich darauf die Mac Laurinsche Reihe nicht anwenden, wohl aber auf $l(1+x)$.

1. $f(x) = l(1+x)$. Es ergibt sich alsdann:

$$(6)\quad l(1+x) = x - \frac{x^2}{2} + \frac{x^3}{3} - \frac{x^4}{4} + \frac{x^5}{5} - \cdots$$

Konvergenzbedingung: $\lim\limits_{m=\infty}\left[\frac{x^m}{m}:\frac{x^{m-1}}{m-1}\right]<1$ oder

$\lim\limits_{m=\infty}\left[\left(1-\frac{1}{m}\right)x\right]<1$, daher $-1<x<1$.

2. Ebenso ergibt sich mit derselben Konvergenzbedingung $l(1-x)=-x-\frac{x^2}{2}-\frac{x^3}{3}-\frac{x^4}{4}-\frac{x^5}{5}-\cdots$, daher ist $l\frac{1+x}{1-x}$ $=2\left(x+\frac{x^3}{3}+\frac{x^5}{5}+\frac{x^7}{7}+\cdots\right)$, und setzt man $\frac{1+x}{1-x}=z$, so daß $x=\frac{z-1}{z+1}$, so entsprechen den Grenzen -1 und $+1$ für x die Grenzen 0 und ∞ für z, und es ist demnach für $0<z<\infty$

$$(7)\qquad lz=2\left(\frac{z-1}{z+1}+\frac{1}{3}\cdot\left(\frac{z-1}{z+1}\right)^3+\frac{1}{5}\cdot\left(\frac{z-1}{z+1}\right)^5+\cdots\right)$$

3. $\log z_{(b)}$ erhält man aus lz auf folgende Weise: Ist $\log z_{(b)}$ $=p$, also $b^p=z$, so ergibt sich, wenn man auf beiden Seiten den natürlichen Logarithmus nimmt, $plb=lz$; demnach ist $p=\frac{lz}{lb}$ oder

$$(8)\qquad \log z_{(b)}=\frac{lz}{lb}.$$

$\frac{1}{lb}$ heißt der Modulus des Logarithmensystems mit der Basis b.

§ 40. Reihen für sinus und cosinus.

1. $f(x)=\sin x$. Auf Grund von § 31 und § 36 ist

$$(9)\qquad \sin x=x-\frac{x^3}{1.2.3}+\frac{x^5}{1.2.3.4.5}-\frac{x^7}{7!}+\frac{x^9}{9!}-\cdots$$

Konvergenzbedingung: $\lim\limits_{m=\infty}\left[\frac{x^{2m+1}}{(2m+1)!}:\frac{x^{2m-1}}{(2m-1)!}\right]<1$ oder

$\lim\limits_{m=\infty}\frac{x^2}{(2m+1)\,2m}<1$, daher $-\infty<x<+\infty$.

2. $f(x)=\cos x$. Nach § 31 und § 36 ist

$$(10)\qquad \cos x=1-\frac{x^2}{1.2}+\frac{x^4}{1.2.3.4}-\frac{x^6}{6!}+\frac{x^8}{8!}+\cdots$$

Konvergenzverbindung: $\lim\limits_{m=\infty}\frac{x^{2m}}{2m!}:\frac{x^{2m-2}}{(2m-2)!}<1$ oder

$\lim\limits_{m=\infty}\frac{x^2}{2m\cdot(2m-1)}<1$, daher $-\infty<x<+\infty$.

§ 41. Reihen für arc tang und π.

1. $f(x) = \mathbf{arg\ tg}\ x$. Nach § 31 und § 36 ist

$$(11)\quad \operatorname{arc\,tg} x = x - \frac{x^3}{3} + \frac{x^5}{5} - \frac{x^7}{7} + \frac{x^9}{9} - \cdots$$

Konvergenzbedingung: $\lim\limits_{m=\infty}\left[\frac{x^{2m+1}}{2m+1} : \frac{x^{2m-1}}{2m-1}\right] < 1$ oder

$$\lim_{m=\infty}\left[\frac{2-\frac{1}{m}}{2+\frac{1}{m}}\,x^2\right] < 1, \text{ daher } -1 < x < +1.$$

2. Auch für $x = 1$ selbst ist die Reihe noch konvergent. Hierfür ist aber $\operatorname{arc\,tg} x = \frac{\pi}{4}$, daher

$$(12)\quad \frac{\pi}{4} = 1 - \frac{1}{3} + \frac{1}{5} - \frac{1}{7} + \frac{1}{9} - \cdots \text{ (Leibnizsche Reihe).}$$

Ist dagegen der Winkel 30^0, der Bogen also $\frac{\pi}{6}$, so ist $x = \operatorname{tg} 30^0 = \frac{1}{3}\sqrt{3}$, daher

$$(13)\quad \frac{\pi}{6} = \frac{1}{3}\sqrt{3}\left(1 - \frac{1}{3\,.\,3} + \frac{1}{5\,.\,3^2} - \frac{1}{7\,.\,3^3} + \frac{1}{9\,.\,3^4} - \cdots\right).$$

Die letztere Reihe (Lagnysche Reihe) konvergiert schneller und liefert bis zum Gliede $\frac{1}{19\,.\,3^9}$ einschließlich den Wert $\pi = 3{,}14159|028 \cdots$, der auf 5 Dezimalstellen genau ist.

§ 42. Zusammenhang zwischen den Reihen für die trigonometrischen Funktionen und die Exponentialfunktion.

Nach § 38,1 ist, wenn die Formel auf imaginäre Exponenten ausgedehnt wird,

$$e^{ix} = 1 + ix - \frac{x^2}{2!} - i\frac{x^3}{3!} + \frac{x^4}{4!} + i\frac{x^5}{5!} - \frac{x^6}{6!} + \cdots$$

$$= \left(1 - \frac{x^2}{2!} + \frac{x^4}{4!} - \frac{x^6}{6!} + \cdots\right) + i\left(x - \frac{x^3}{3!} + \frac{x^5}{5!} - \cdots\right), \text{ also}$$

$$(14)\quad e^{ix} = \cos x + i \sin x, \text{ und } e^{-ix} = \cos x - i \sin x.$$

Hiernach ist es erklärlich, weshalb für die Multiplikation, Division, Potenzierung und Radizierung der Ausdrücke $\cos x \pm i \sin x$ ähnliche

Regeln gelten wie für Potenzen. Aus den beiden obigen Gleichungen folgt ferner:

$$(15)\quad \cos x = \frac{e^{ix} + e^{-ix}}{2}, \quad \sin x = \frac{e^{ix} - e^{-ix}}{2i}.$$

C. Auswertung von Quotienten $\left(\frac{0}{0}; \frac{\infty}{\infty}\right)$ und Ermittelung von Wurzeln numerischer Gleichungen.

§ 43. Ist $f(a + x)$ eine Funktion von $a + x$, wobei a als konstant, x als veränderlich zu denken ist, so läßt sich unter Vorbehalt der Konvergenz $f(a + x)$ in eine nach Potenzen von x fortschreitende unendliche Reihe entwickeln. Es sei

$$f(a + x) = b_0 + b_1x + b_2x^2 + b_3x^3 + b_4x^4 + \cdots; \text{ mithin ist}$$
$$f'(a + x) = b_1 + 2b_2x + 3b_3x^2 + 4b_4x^3 + \cdots,$$
$$f''(a + x) = 2b_2 + 3 \,.\, 2 \,.\, b_3x + 4 \,.\, 3 \,.\, b_4x^2 + \cdots,$$
$$f'''(a + x) = 3 \,.\, 2 \,.\, b_3 + 4 \,.\, 3 \,.\, 2b_4x + \cdots \text{ usw.}$$

Setzt man nun $x=0$, so ist $f(a) = b_0$, $f'(a) = b_1$, $f''(a) = 2b_2$, $f'''(a) = 3 \,.\, 2 \,.\, b_3$ usw., daher

$$(16)\quad f(a + x) = f(a) + f'(a)\, x + \frac{f''(a)}{1 \,.\, 2} x^2 + \frac{f'''(a)}{1 \,.\, 2 \,.\, 3} x^3 + \cdots$$

Diese **Taylorsche Reihe** enthält die Mac Laurinsche Reihe als besonderen Fall, wenn nämlich $a = 0$ ist.

§ 44. Nehmen die beiden Funktionen $y = f(x)$ und $z = g(x)$ für $x = a$ den Wert 0 an, so kann der Wert des Quotienten $\frac{f(a)}{g(a)}$ gleichwohl folgendermaßen bestimmt werden. Es ist $f(a + x) = f(a) + f'(x)x + \frac{f''(a)}{1 \,.\, 2} x^2 + \frac{f'''(a)}{1 \,.\, 2 \,.\, 3} x^3 + \cdots = x.\left(f'(a) + \frac{f''(a)}{1 \cdot 2} x + \frac{f'''(a)}{1 \,.\, 2 \,.\, 3} x^2 + \cdots\right)$ und ebenso $g(a + x) = x.\left(g'(a) + \frac{g''(a)}{1 \,.\, 2} x + \frac{g'''(a)}{1 \,.\, 2 \,.\, 3} x^2 + \cdots\right)$;

mithin ist $\dfrac{f(a + x)}{g(a + x)} = \dfrac{f'(a) + \frac{f''(a)}{1 \,.\, 2} x + \frac{f'''(a)}{1 \,.\, 2 \,.\, 3} x^2 + \cdots}{g'(a) + \frac{g''(a)}{1 \cdot 2} x + \frac{g'''(a)}{1 \,.\, 2 \,.\, 3} x^2 + \cdots}$. Setzt man nun $x = 0$, so ergibt sich $\dfrac{f(a)}{g(a)} = \dfrac{f'(a)}{g'(a)}$.

Sollten auch die ersten Differentialquotienten für $x = a$ den Wert 0 annehmen, so muß das Verfahren wiederholt werden und führt dann zu der Gleichung $\frac{f(a)}{g(a)} = \frac{f''(a)}{g''(a)}$ usw.

§ 45. Werden dagegen y und z für $x = a$ unendlich groß, so werden $\frac{1}{y}$ und $\frac{1}{z}$ gleich Null. Man setzt daher $\frac{y}{z} = \frac{1}{z} : \frac{1}{y}$ und wendet hierauf das vorige Verfahren an, d. h. für $x = o$ ist $\frac{y}{z} = \frac{1}{z} : \frac{1}{y} = \left(-\frac{z'}{z^2}\right) : \left(-\frac{y'}{y^2}\right)$ oder $y \cdot \frac{y'}{y^2} = z \cdot \frac{z'}{z^2}$, mithin $\frac{y}{z} = \frac{y'}{z'}$; auch hier ist also für $x = a$ der Wert des Quotienten der beiden Funktionen gleich dem Quotienten ihrer ersten Differentialquotienten.

§ 46. Kennt man einen Wert $x = a$, der die Funktion $f(x)$ nahezu zu 0 macht und fehlt an der wirklichen Wurzel noch der zu bestimmende Betrag z, so wäre demnach $f(a + z) = 0$ oder

$$f(a) + f'(a)z + \frac{f''(a)}{1\,.\,2} z^2 + \frac{f'''(a)}{1\,.\,2\,.\,3} z^3 + \cdots = 0.$$

Ist z hinreichend klein, so kann man die Glieder, die eine höhere Potenz von z als Faktor enthalten, vernachlässigen, und es ergibt sich als Annäherung $f(a) + f'(a)\, z_1 = 0$, woraus $z_1 = -\frac{f(a)}{f'(a)}$ folgt.

Um eine weitere Annäherung zu erhalten, verfährt man mit $a + z_1$ geradeso wie vorhin mit a.

Ist hingegen z nicht hinreichend klein, so behält man noch das Glied mit z^2 bei und löst alsdann die quadratische Gleichung $f(a) + f'(a)\, z_1 + \frac{f''(a)}{1\,.\,2} z_1^2 = 0$ nach z_1 auf.

D. Ermittelung der Gleichungen von Kurventangenten.

§ 47. Die Tangente im Punkte $[x_1, y_1]$ der Kurve $y = f(x)$ hat als Gerade, die durch den genannten Punkt geht, die Gleichung $y - y_1 = M(x - x_1)$, worin die Richtungskonstante M, die die trigonometrische Tangente ihres Neigungswinkels mit der positiven x-Achse bedeutet, noch zu bestimmen ist. M ist aber gleich dem Wert des Differentialquotienten der Funktion für den Berührungspunkt.

§ 48. Kreistangentengleichung

a) für die Mittelpunktsgleichung $x^2 + y^2 = r^2$.

$2x + 2y \frac{dy}{dx} = 0$; $\frac{dy}{dx} = -\frac{x}{y}$, mithin die Gleichung der Tangente $y - y_1 = -\frac{x_1}{y_1}(x - x_1)$ oder (unter Benutzung der Kreisgleichung)

$$x_1 . x + y_1 y = r^2.$$

b) für die allgemeine Gleichung $(x - a)^2 + (y - b)^2 = r^2$.

$2(x - a) + 2(y - b)\frac{dy}{dx} = 0$; $\frac{dy}{dx} = -\frac{x - a}{y - b}$, mithin die Gleichung der Tangente $y - y_1 = -\frac{x_1 - a}{y_1 - b}(x - x_1)$ oder (unter Benutzung der Kreisgleichung)

$$(x_1 - a)(x - a) + (y_1 - b)(y - b) = r^2.$$

§ 49. Tangente an Parabel, Ellipse, Hyperbel.

a) $y^2 = 2px$; $2y\frac{dy}{dx} = 2p$; $\frac{dy}{dx} = \frac{p}{y}$; mithin Gleichung der Tangente $y - y_1 = \frac{p}{y_1}(x - x_1)$ oder (unter Benutzung der Parabelgleichung)

$$y_1 y = p(x + x_1).$$

b) $b^2x^2 + a^2y^2 = a^2b^2$; $2b^2x + 2a^2y\frac{dy}{dx} = 0$; $\frac{dy}{dx} = -\frac{b^2x}{a^2y}$; mithin Gleichung der Tangente $y - y_1 = -\frac{b^2x_1}{a^2y_1}(x - x_1)$ oder (unter Benutzung der Ellipsengleichung)

$$b^2x_1x + a^2y_1y = a^2b^2.$$

c) $b^2x^2 - a^2y^2 = a^2b^2$, man erhält entsprechend

$$b^2x_1x - a^2y_1y = a^2b^2.$$

§ 50. Tangentengleichung für die allgemeine Gleichung 2. Grades.

$$Ax^2 + 2Bxy + Cy^2 + 2Dx + 2Ey + F = 0.$$

$2Ax + 2By + 2Bx\frac{dy}{dx} + 2Cy\frac{dy}{dx} + 2D + 2E\frac{dy}{dx} = 0$; $\frac{dy}{dx} = -\frac{Ax + Bx + D}{Bx + Cy + E}$; mithin Gleichung der Tangente $y - y_1$

$= -\frac{Ax_1 + By_1 + D}{Bx_1 + Cy_1 + E}(-x_1)$ oder (unter Benutzung der Kurvengleichung)

$$Ax_1x + B(x_1y + y_1x) + Cy_1y + D(x_1 + x) + E(y_1 + y) + F = 0.$$

Anmerkung: Liegt der Punkt $[x_1, y_1]$ außerhalb der Kurve zweiten Grades, so stellt die vorstehende Gleichung die Gleichung der Berührungssehne der von ihm aus gezogenen Tangenten (der Polare des Punktes) dar.

Beweis: Die Gleichung $Ax_1x + B(x_1y + y_1x) + Cy_1y + D(x_1 + x) + E(y_1 + y) + F = 0$ stellt als Gleichung ersten Grades jedenfalls eine Gerade dar. Berühren nun die von P_1 gezogenen Tangenten die Kurve in P_2 und P_3, so sind ihre Gleichungen

$$Ax_2x + B(x_2y + y_2x) + Cy_2y + D(x_2 + x) + E(y_2 + y) + F = 0$$

und $$Ax_3x + B(x_3y + y_3x) + Cy_3y + D(x_3 + x) + E(y_3 + y) + F = 0.$$

Da aber der Punkt P_1 auf beiden Tangenten liegt, so müssen seine Koordinaten ihren Gleichungen genügen, d. h. es ist

$$Ax_2x_1 + B(x_2y_1 + y_2x_1) + Cy_2y_1 + D(x_2 + x_1) + E(y_2 + y_1) + F = 0$$

und

$$Ax_3x_1 + B(x_3y_1 + y_3x_1) + Cy_3y_1 + D(x_3 + x_1) + E(y_3 + y_1) + F = 0.$$

Die beiden letzten Gleichungen zeigen aber an, daß die Koordinaten von P_2 wie von P_3 der Gleichung

$$Ax_1x + B(x_1y + y_1x) + Cy_1y + D(x_1 + x) + E(y_1 + y) + F = 0$$

genügen oder daß die durch diese Gleichung dargestellte Gerade durch P_2 und P_3 geht.

Daß diese Gleichung auch für den Fall, daß P_1 innerhalb der Kurve liegt, die Polare von P_1 bedeutet, ist schwieriger zu beweisen.

E. Geschwindigkeit und Beschleunigung.

§ 51. Bei einer gleichförmigen Bewegung versteht man unter der **Geschwindigkeit** des bewegten Körpers den in der Sekunde zurückgelegten Weg. Hat also der Körper nach t_1 Sekunden s_1 Meter und nach t_2 Sekunden s_2 Meter durchlaufen, so ist seine Geschwindigkeit

$$v = \frac{s_2 - s_1}{t_2 - t_1}.$$

Bei einer ungleichförmigen Bewegung versagt diese Erklärung, da sich ja innerhalb der ausgewählten Sekunde der Bewegungszustand ändert. Dagegen kann nach der vorstehenden Formel unter der Geschwindigkeit auch das Verhältnis des zurückgelegten Weges zu der dazu erforderlichen Zeit verstanden werden, und diese Definition läßt sich auf die Geschwindigkeit in einem bestimmten Zeitpunkt einer ungleichförmigen Bewegung übertragen, wofern man den Zeitraum nur verschwindend klein annimmt. Es ist demnach allgemein

$$v = \frac{ds}{dt} = s'.$$

§ 52. Unter der **Beschleunigung** versteht man bei der gleichmäßig beschleunigten Bewegung den Zuwachs an Geschwindigkeit in jeder Sekunde. Hat also der Körper nach t_1 Sekunden die Geschwindigkeit v_1 und nach t_2 Sekunden die Geschwindigkeit v_2 erlangt, so ist seine Beschleunigung $a = \frac{v_2 - v_1}{t_2 - t_1}$. Für jede andere ungleichförmige Bewegung paßt diese Erklärung indessen nicht, und man muß allgemein unter der Beschleunigung das Verhältnis der Geschwindigkeitsänderung zu der dazu erforderlichen Zeit verstehen, welch letztere verschwindend klein zu wählen ist. Es ist also

$$a = \frac{dv}{dt} = \frac{ds'}{dt} = s''.$$

§ 53. Beispiel: Für den **freien Fall** ist $s = \frac{1}{2} g t^2$, daher

$$v = \frac{ds}{dt} = gt \text{ und } a = \frac{dv}{dt} = g.$$

Vielfach ist aber von vornherein nicht der Weg, sondern wie im vorstehenden Beispiel, die Geschwindigkeit als Funktion der Zeit bekannt. Aus v oder $s' = gt$ folgt aber ohne weiteres $s = \frac{1}{2} g t^2 + \text{const.}$, da sich hieraus beim Differenzieren $s' = gt$ ergibt. Nun ist aber beim freien Fall für $t = 0$ auch $s = 0$; mithin muß die Konstante selbst gleich 0 gesetzt werden, und es ist $s = \frac{1}{2} g t^2$.

F. Krümmung der Kurven.

§ 54. Auf Tafel I ist die Kurve

$$\text{(A)}\quad y = \frac{6}{2 - x} = 3 + \frac{3}{2} x + \frac{3}{4} x^2 + \frac{3}{8} x^3 + \frac{3}{16} x^4 + \ldots$$

mit der berührenden Geraden

$$(A_1)\ y = 3 + \frac{3}{2}x \text{ und den Schmiegungsparabeln}$$

$$(A_2)\ y = 3 + \frac{3}{2}x + \frac{3}{4}x^2,$$

$$(A_3)\ y = 3 + \frac{3}{2}x + \frac{3}{4}x^2 + \frac{3}{8}x^3,$$

$$(A_4)\ y = 3 + \frac{3}{2}x + \frac{3}{4}x^2 + \frac{3}{8}x^3 + \frac{3}{16}x^4$$

dargestellt. Man erkennt ohne weiteres, daß die Linien $A_1 - A_4$ sich der Kurve A um so mehr anschmiegen, daß die Berührung also eine um so innigere wird, je höher ihre Ordnungszahl ist. Nun sind die Differentialquotienten der Linien A, $A_1 - A_4$ für den gemeinsamen Punkt $x = 0$, $y = 3$ die folgenden

	y'	y''	y'''	y''''
A	$\frac{3}{2}$	$\frac{3}{2}$	$\frac{9}{4}$	$\frac{9}{2}$
A_1	$\frac{3}{2}$	0	0	0
A_2	$\frac{3}{2}$	$\frac{3}{2}$	0	0
A_3	$\frac{3}{2}$	$\frac{3}{2}$	$\frac{9}{4}$	0
A_4	$\frac{3}{2}$	$\frac{3}{2}$	$\frac{9}{4}$	$\frac{9}{2}$

Es hat also an dem betrachteten Punkt die Kurve A mit A_1 den ersten Differentialquotienten gemein, mit A_2 die beiden ersten, mit A_3 die drei ersten, mit A_4 die vier ersten, wonach man Berührungen erster, zweiter, dritter, vierter Ordnung usw. unterscheidet.

§ 55. Denkt man sich in einem Punkt $[x; y]$ der Kurve $y = f(x)$ die Tangente gezogen, so gibt es unzählig viele Kreise, die diese Tangente in dem ausgewählten Punkt gleichfalls berühren. Alle diese Kreise haben daher dort eine Berührung erster Ordnung mit der Kurve. Unter diesen Kreisen befindet sich aber nur ein einziger, der eine Berührung zweiter Ordnung mit der Kurve hat, bei dem also auch der zweite Differentialquotient mit dem zweiten Differentialquotienten der Kurve für den ausgewählten Punkt übereinstimmt. Der Halbmesser dieses Kreises heißt **Krümmungsradius**, sein reziproker Wert gibt die **Krümmung** der Kurve in dem betreffenden Punkt an. Die Gleichung dieses Kreises sei $(x-a)^2+(y-b)^2=r^2$. Dann ist $2(x-a)+2(y-b)\cdot y'=0$, also $y'=-\frac{x-a}{y-b}$ und $y''=-\frac{(y-b)-(x-a)y'}{(y-b)^2}=-\frac{r^2}{(y-b)^3}$. Es ist mithin $y-b=-\sqrt[3]{\frac{r^2}{y''}}$, und $x-a=y'\cdot\sqrt[3]{\frac{r^2}{y''}}$. Hieraus folgt auf Grund der Kreisgleichung

$$(1)\qquad r=\varepsilon\,.\,\frac{\sqrt{(1+y'^2)^3}}{y''}\quad\text{oder}$$

$$(2)\qquad \frac{1}{r}=\varepsilon\,.\,\frac{y''}{\sqrt{(1+y'^2)^3}},$$

worin $\varepsilon=+1$ oder -1 zu setzen ist, je nachdem y'' positiv oder negativ ist. Die Koordinaten des Kreismittelpunktes ergeben sich aus den Gleichungen für $x-a$ und $y-b$.

§ 56. Krümmungskreise in den Scheiteln der Kegelschnitte.

a) **Parabel.** Da für den Scheitel in der gewöhnlichen Lage $y'=\infty$ ist, so muß man sich die Parabel unter Beibehaltung des Achsensystems um 90° nach oben gedreht denken, wodurch sie die Gleichung $x^2=2py$ erhält. Dann ist $y=\frac{x^2}{2p}$, $y'=\frac{x}{p}$, $y''=\frac{1}{p}$, für den Scheitel $(x=0)$ also $y'=0$, $y''=\frac{1}{p}$, mithin $r=p$.

b) **Ellipse.** Für die Ellipse ist $y=\pm\frac{b}{a}\sqrt{a^2-x^2}$, $y'=\mp\frac{bx}{a\sqrt{a^2-x^2}}$, $y''=\mp\frac{ab}{(\sqrt{a^2-x^2})^3}$, mithin für die Nebenscheitel $(x=0)$ $y'=0$, $y''=\mp\frac{b}{a^2}$, also $r_1=\frac{a^2}{b}$.

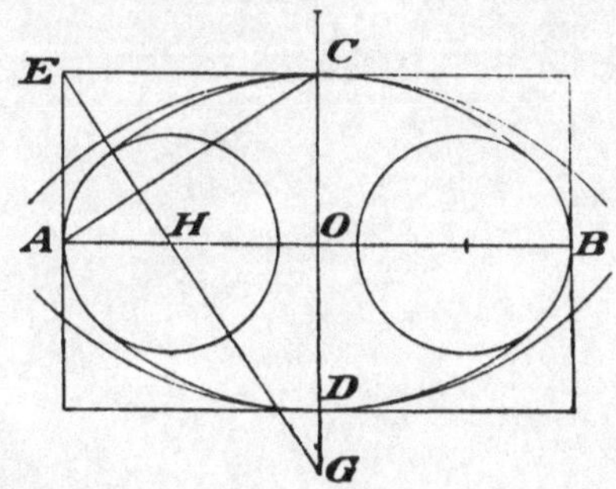

Fig. 15.

Für die Hauptscheitel wird $y'=\infty$ und $y''=\infty$, daher denkt man sich die Ellipse um 90° gedreht und erhält auf dieselbe Weise $r_2=\frac{b^2}{a}$. Beide Krümmungsmittelpunkte (G und H) erhält man in Fig. 15 durch $EG\perp AC$. Aus der Ähnlichkeit der Dreiecke ECG und

EAH mit $\triangle AOC$ folgt nämlich ohne weiteres $CG : CE = AO : OC$ oder $r_1 : a = a : b$ und $AH : AE = OC : OA$ oder $r_2 : b = b : a$.

c) **Hyperbel.** Für die Hauptscheitel ergibt sich in ähnlicher Weise $r = \frac{b^2}{a}$. Man erhält daher den Krümmungsmittelpunkt, wenn auf der Asymptote dort, wo sie von der Scheiteltangente geschnitten wird, das Lot errichtet und dessen Schnittpunkt mit der x-Achse bestimmt wird.

Bemerkung: Die Scheitelkrümmungskreise leisten bei der Zeichnung der Kegelschnitte gute Dienste.

Zweiter Teil: Grundzüge und Anwendungen der Integralrechnung.

Erster Abschnitt.

Einführung in die Integralrechnung.

§ 1. Die Integralrechnung ist die Umkehrung der Differentialrechnung. Unter Integrieren versteht man also das Aufsuchen derjenigen Funktion, deren Differentialquotient gegeben vorliegt. Diese Integralfunktion läßt sich nur bestimmen bis auf ein konstantes Glied (im folgenden mit k bezeichnet), da ein solches Glied bei der Bildung des Differentialquotienten ja wegfällt und daher rückwärts aus ihm nicht ermittelt werden kann.

Auf Grund der im vorigen Teil entwickelten Formeln ist daher, wenn

$$\frac{dy}{dx} \text{ oder } y' = f'(x), \quad y = f(x) + k,$$

und im besonderen, wenn

$$(1) \quad y' = x^n, \qquad y = \frac{1}{n+1} x^{n+1} + k,$$

$$(2) \quad y' = \sin x, \qquad y = -\cos x + k,$$

$$(3) \quad y' = \cos x, \qquad y = \sin x + k,$$

$$(4) \quad y' = \frac{1}{\sin^2 x}, \qquad y = -\cot x + k,$$

$$(5) \quad y' = \frac{1}{\cos^2 x}, \qquad y = \operatorname{tg} x + k,$$

$$(6) \quad y' = \frac{1}{\sqrt{1-x^2}}, \qquad y = \operatorname{arc} \sin x + k,$$

$$(7) \quad y' = \frac{1}{1+x^2}, \qquad y = \operatorname{arc} \operatorname{tg} x + k,$$

$$(8)\quad y' = \frac{1}{x}, \qquad y = lx + k \text{ oder } y = \frac{\log x}{\log e} + k,$$

$$(9)\quad y' = e^x, \qquad y = e^x + k,$$

$$(10)\quad y' = a^x, \qquad y = \frac{a^x}{la} + k.$$

Der Beweis für die Richtigkeit der vorstehenden Formeln kann leicht dadurch geführt werden, daß man von der rechtsstehenden Integralfunktion den Differentialquotienten bildet.

§ 2. Für das Integrieren hat sich eine eigentümliche Bezeichnungsweise herausgebildet, die erst recht verständlich wird, wenn man **die geometrischen Beziehungen zwischen der Integralfunktion $y = f(x)$ und der Funktion des Differentialquotienten $y' = f'(x)$** näher untersucht. Zu diesem Zweck denkt man sich beide Funktionen in demselben Netz übereinander durch Linien dargestellt (wie in Fig. 16 und 17).

Die Bedeutung der Differentiallinie für die Integrallinie gründet sich alsdann darauf, daß der Differentialquotient y' (die Ordinate der Differentiallinie) ja gleich $\operatorname{tg} \alpha$ ist, wenn α den Winkel bedeutet, den die an die Integrallinie in dem betreffenden Punkt gelegte Tangente mit der positiven Richtung der x-Achse bildet. Somit wird durch jede Ordinate der Differentiallinie die Steigung der Integrallinie in dem zugehörigen Punkt gemessen, und aus dem Verlauf der ersteren kann man sich ein Bild von dem Steigen und Fallen der letzteren machen (weshalb nicht auch von der Höhenlage?).

§ 3. Um andererseits **die Bedeutung der Integrallinie für die Differentiallinie** zu erkennen, muß man bedenken, daß das Steigen und Fallen der ersteren die Ordinatenlänge der letzteren bestimmt. Denkt man sich nun diese Ordinate in der positiven x-Richtung verschoben, so hängt von der wechselnden Länge der von ihr beschriebene Flächenraum ab. Es wird daher voraussichtlich zwischen diesem Flächenraum und der Integrallinie ein Zusammenhang bestehen, der zunächst an zwei Beispielen untersucht werden möge.

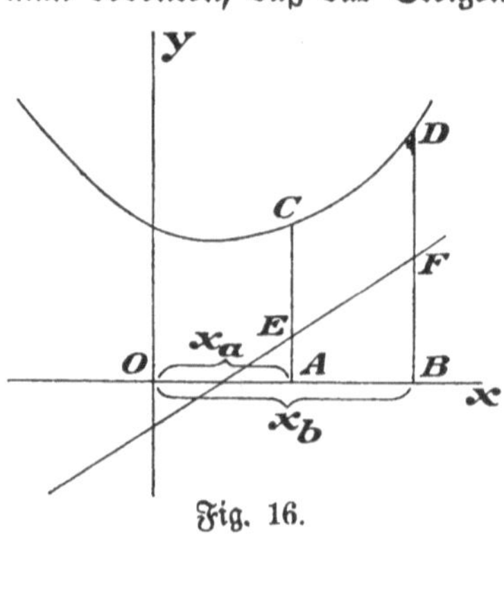

Fig. 16.

Beispiel 1: $y = mx^2 + nx + p$; $y' = 2mx + n$.

CD sei ein Bogen der Integrallinie zwischen den Ordinaten $CA = y_a$ und $DB = y_b$, EF das entsprechende Stück der Differentiallinie zwischen den Ordinaten $EA = y'_a$ und $FB = y'_b$. Dann ist der Flächeninhalt des Trapezes $ABFE = \frac{1}{2}(BF + AE) \cdot AB$

$$= \tfrac{1}{2}(y'_b + y'_a)(x_b - x_a) = \tfrac{1}{2}(2mx_b + n + 2mx_a + n)(x_b - x_a)$$
$$= [m(x_b + x_a) + n](x_b - x_a) = mx_b^2 - mx_a^2 + nx_b - nx_a = y_b - y_a;$$

d. h. das Flächenstück zwischen der Differentiallinie und der x-Achse, das von zwei Ordinaten begrenzt wird, ist gleich der Differenz der entsprechenden Ordinaten der Integrallinie.

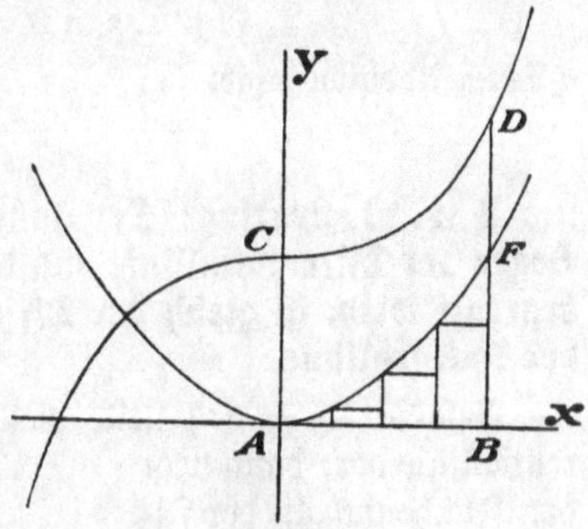

Fig. 17.

Beispiel 2: $y = mx^3 + p$; $y' = 3mx^2$.

Die Buchstaben der Fig. 17 haben dieselbe Bedeutung wie in Fig. 16, nur sollen A und E mit dem Anfangspunkt zusammenfallen. $AB = s$ sei in n gleiche Teile geteilt, dann sind die einzelnen Abszissen der Reihe nach

$$0, \frac{s}{n}, 2 \cdot \frac{s}{n}, 3 \cdot \frac{s}{n} \cdots (n-1) \cdot \frac{s}{n}, n \cdot \frac{s}{n} = x_b.$$

Die zugehörigen Ordinaten der Differentiallinie sind daher:

$$0, 3m\left(\frac{s}{n}\right)^2, 3m\left(\frac{2s}{n}\right)^2, 3m\left(\frac{3s}{n}\right)^2 \cdots 3m\left(\frac{(n-1)s}{n}\right)^2, 3m\left(\frac{ns}{n}\right)^2 = 3m\,x_b^2.$$

Demnach ist der Flächeninhalt der zwischen AB, FB und der treppenartigen Linie AF liegenden Figur gleich $\frac{s}{n} \cdot 3m\left(\frac{s}{n}\right)^2 + \frac{s}{n} \cdot 3m\left(\frac{2s}{n}\right)^2$

$$+ \frac{s}{n} \cdot 3m\left(\frac{3s}{n}\right)^2 + \cdots + \frac{s}{n} \cdot 3m\left(\frac{(n-1)s}{n}\right)^2 + \frac{s}{n} \cdot 3m\left(\frac{ns}{n}\right)^2$$
$$= \frac{3ms}{n} \cdot \left(\frac{s}{n}\right)^2 (1 + 4 + 9 + \cdots + (n-1)^2 + n^2)$$
$$= \frac{3ms^3}{n^3} \cdot \frac{1}{6} n(n+1)(2n+1)^{*)} = \frac{m}{2} s^3 \left(1 + \frac{1}{n}\right)\left(2 + \frac{1}{n}\right).$$

Läßt man nun $n = \infty$ werden, so schmiegt sich der treppenartige Zug dem Bogen AF der Differentiallinie an (s. § 4), und es ist das Flächenstück zwischen diesem Bogen und den Strecken AB und BF gleich $ms^3 = mx_b^3$. Nun ist aber $y_b = mx_b^3 + p$ und $y_a = p$, da diesmal $x_a = 0$ ist, mithin $mx_b^3 = y_b - y_a$. Das Ergebnis ist also dasselbe wie im Beispiel 1.

*) Beweis:

$$\left.\begin{aligned} n^3 - (n-1)^3 &= 3n^2 - 3n + 1 \\ (n-1)^3 - (n-2)^3 &= 3(n-1)^2 - 3(n-1) + 1 \\ (n-2)^3 - (n-3)^3 &= 3(n-2)^2 - 3(n-2) + 1 \\ &\vdots \\ 2^3 - 1^3 &= 3 \cdot 2^2 - 3 \cdot 2 + 1 \\ 1^3 - 0^3 &= 3 \cdot 1^2 - 3 \cdot 1 + 1 \end{aligned}\right\}$$

Durch Addition ergibt sich

$$\begin{aligned} n^3 &= 3(1^2 + 2^2 + 3^2 + \cdots + n^2) \\ &\quad - 3(1 + 2 + 3 + \cdots + n) \\ &\quad + n, \text{ also} \end{aligned}$$

$$1^2 + 2^2 + 3^2 + \cdots + n^2 = \frac{1}{3} n^3 + \frac{n(n+1)}{2} - \frac{n}{3} = \frac{1}{6} n(n+1)(2n+1)$$

§ 4. 1. Lehrsatz: Der Inhalt des Flächenstücks zwischen einem Bogen der Differentiallinie und der x-Achse, das von zwei Ordinaten begrenzt wird, ist gleich der Differenz der entsprechenden Ordinaten der Integrallinie.

Beweis: $y = f(x)$ stelle die Integrallinie, $y' = f'(x)$ die Differentiallinie dar; dann liegt der Flächeninhalt der Figur $\widehat{AEFB}$ zwischen den Inhalten der beiden Figuren, die in Fig. 18 von AB bis zur unteren und zur oberen Treppe reichen. Die erstere dieser beiden Figuren setzt sich aus lauter Rechtecken vom Inhalt $y'.\Delta x$ zusammen, ihr Inhalt ist also $\sum\limits_{x_a}^{x_b} y' \Delta x$. Beide Flächen unterscheiden

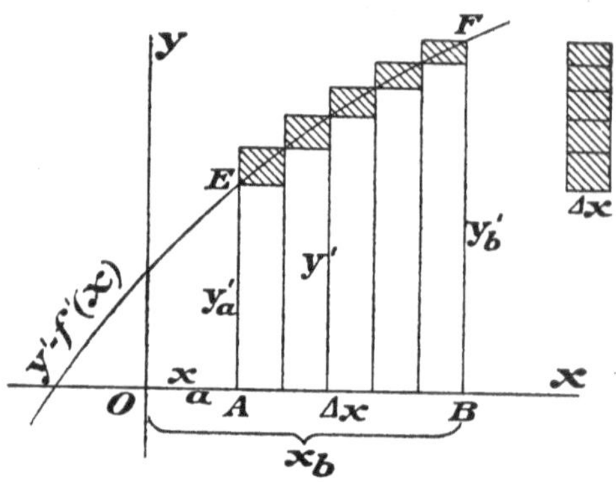

Fig. 18.

sich um die Summe der schraffierten kleinen Rechtecke. Verschiebt man nun diese Rechtecke nach rechts, bis sie sämtlich übereinander stehen, so erhält man das gezeichnete Rechteck mit der Grundlinie Δx und der Höhe $y'_b - y'_a$. Läßt man alsdann die Rechtecke $y' \Delta x$ unendlich schmal werden, so wird das den Unterschied angebende Rechteck zu einer Strecke, der Unterschied selbst gleich Null. Der Flächeninhalt der Figur $\widehat{AEFB}$ ist demnach

$$\sum_{x_a}^{x_b} y' dx = \sum_{x_a}^{x_b} f'(x)\, dx.$$

Nun ist aber $\frac{dy}{dx} = f'(x)$, also $dy = f'(x)\,dx$; demnach

$$\sum_{x_a}^{x_b} f'(x)\, dx = \sum_{y_a}^{y_b} dy.$$

Diese letztere Summe ist aber gleich $y_b - y_a$ oder $f(x_b) - f(x_a)$.

2. Für das Summenzeichen Σ ist in diesem Fall das aus einem lang gestreckten S entstandene Integralzeichen $\int$ gebräuchlich. Also ist

$$(11) \quad \int_{x_a}^{x_b} f'(x)\, dx = f(x_b) - f(x_a).$$

Die linke Seite nennt man ein Integral, und zwar ein bestimmtes Integral.

3. Anmerkung: Der Inhalt eines Flächenstücks der Differentiallinie, das unter der x-Achse liegt, erscheint mit negativem Vorzeichen, da über diesem Teil der Differentiallinie sich die Integrallinie senkt (weshalb?) und mithin $y_b < y_a$ ist.

§ 5. 1. Obiger Schreibweise entsprechend schreibt man auch die Aufgabe, zu einem gegebenen Differentialquotienten die Integralfunktion zu suchen. (12) $\int f'(x)\, dx = f(x) + k$ und nennt dieses Integral ein **unbestimmtes Integral**; also z. B.

$$(13) \quad \int x^n\, dx = \frac{1}{n+1}\, x^{n+1} + k.$$

2. **Lehrsätze:** *a*) Aus der Formel $\frac{d(c.\, f(x))}{dx} = c\,\frac{d\, f(x)}{dx} = cf'(x)$ folgt $\int cf'(x)\, dx = cf(x)$, wenn von der additiven Konstanten abgesehen wird. Nun ist aber auch $c \int f'(x)\, dx = c \cdot f(x)$, mithin

$$(14) \quad \int cf'(x)\, dx = c \int f'(x)\, dx, \text{ oder:}$$

Ein konstanter Faktor der zu integrierenden Funktion kann als Faktor vor das Integralzeichen gestellt werden.

b) Aus der Formel $\frac{d(f(x) + \varphi(x))}{dx} = f'(x) + \varphi'(x)$ folgt $\int (f'(x) + \varphi'(x))\, dx = f(x) + \varphi\,(x)$. Dasselbe ergibt sich aber bei $\int f'(x)\, dx + \int \varphi'(x)\, dx$; daher ist

$$(15) \quad \int (f'(x) + \varphi'(x))\, dx = \int f'(x)\, dx + \int \varphi'(x)\, dx, \text{ oder:}$$

Eine Summe von Funktionen wird integriert, indem man die Summanden einzeln integriert und die entstandenen Integrale addiert.

§ 6. Aus der Formel $\frac{d(f(x)\cdot\varphi(x))}{dx} = \varphi(x)\, f'(x) + f(x)\, \varphi'(x)$ folgt $\int(\varphi(x)\, f'(x) + f(x)\, \varphi'(x))\, dx = f(x)\, \varphi(x)$ oder $\int \varphi(x)\, f'(x)\, dx + \int f(x)\, \varphi'(x)\, dx = f(x)\, \varphi(x)$; mithin ist

$$(16) \quad \int f(x)\, \varphi'(x)\, dx = f(x)\, \varphi(x) - \int f'(x)\, \varphi(x)\, dx.$$

Diese Rechnungsweise heißt **teilweise Integration**, da im Ergebnis noch ein Integral vorkommt; sie ist anwendbar, wenn die zu integrierende Funktion ein Produkt zweier Einzelfunktionen ist, von denen die eine, $\varphi'(x)$, zu $\varphi(x)$ integriert werden kann; sie ist aber nur dann zweckmäßig, wenn das im Ergebnis verbleibende Integral leichter integrierbar ist als das gegebene.

Beispiele:

1. $\int x \,.\, \cos x\, dx = x \,.\, \sin x - \int \sin x\, dx = x \sin x + \cos x + k.$

2. $\int x^2 e^x dx = x^2 e^x - \int 2xe^x dx = x^2 e^x - (2xe^x - \int 2e^x dx) = x^2 \,.\, e^x - 2xe^x + 2e^x + k.$

3. $\int \cos^2 x dx = \cos x \,.\, \sin x + \int \sin^2 x\, dx = \cos x \sin x + \int (1 - \cos^2 x)\, dx = \cos x \sin x + \int dx - \int \cos^2 x\, dx$; also $2 \int \cos^2 x\, dx = \sin x \cos x + x$; $\int \cos^2 x\, dx = \frac{1}{2}(\sin x \cos x + x) + k.$

4. $\int \sqrt{a^2 - x^2} dx$; $x = a \sin\varphi$; $\frac{dx}{d\varphi} = a \cos\varphi$; $dx = a \cos\varphi\, d\varphi$; also $\int \sqrt{a^2 - x^2}\, dx = \int \sqrt{a^2(1 - \sin^2\varphi)} \,.\, a \cos\varphi\, d\varphi = a^2 \int \cos^2\varphi\, d\varphi$ (s. 3).

Bemerkung: Die Formeln (14)—(16) gelten selbstverständlich auch für bestimmte Integrale.

Zweiter Abschnitt.

Anwendungen der Integralrechnung.

§ 7. Den Erörterungen des § 4 gemäß kann das bestimmte Integral ohne weiteres zur **Berechnung des Inhalts von Flächenstücken** verwandt werden, die von der x-Achse, zwei Ordinaten und dem zwischen ihnen liegenden Bogen einer durch ihre Gleichung gegebenen Linie begrenzt werden.

Ist also die Gleichung der Linie $y=\varphi(x)$, worin y und $\varphi(x)$ als Differentialquotienten einer noch zu bestimmenden Funktion $y=f(x)$ aufzufassen sind, so ist der Flächeninhalt des schraffierten Flächenstücks

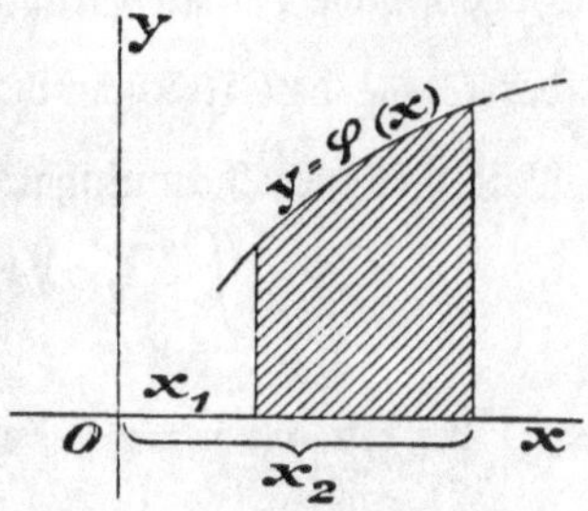

Fig. 19.

$$(1)\quad J=\int_{x_1}^{x_2}\varphi(x)\,dx=f(x_2)-f(x_1).$$

Beispiel: Den Inhalt des Flächenstücks zu bestimmen, das von einem Bogen der Parabel $y^2=2px$ und einer Sehne begrenzt wird, die im Abstand x_1 vom Scheitel auf der Achse senkrecht steht.

Es ist $y^2=2px$ und für die obere Hälfte des Flächenstücks $y=\sqrt{2px}$, mithin $\frac{J}{2}=\int_0^{x_1}\sqrt{2px}\cdot dx=\sqrt{2p}\int_0^{x_1}x^{\frac{1}{2}}\,dx=\sqrt{2p}\left[\frac{2}{3}x^{\frac{3}{2}}\right]_0^{x_1}$ $=\sqrt{2p}\cdot\frac{2}{3}x_1^{\frac{3}{2}}=\frac{2}{3}x_1y_1$, daher $J=\frac{2}{3}x_1\cdot 2y_1$ (geometrische Bedeutung!).

§ 8. Dreht sich in Fig. 19 das schraffierte Flächenstück um die x-Achse, so beschreibt es einen **Rotationskörper**, der sich aus lauter parallelen, unendlich dünnen kreisförmigen Scheiben zusammengesetzt denken läßt. Jede Scheibe hat den Rauminhalt $\pi y^2\,dx$, mithin ist der **Rauminhalt des Rotationskörpers**

$$(2)\quad V=\int_{x_1}^{x_2}\pi y^2\,dx=\pi\int_{x_1}^{x_2}y^2\,dx.$$

Beispiel: Der Parabelbogen des Beispiels in § 7 möge ein Rotationsparaboloid beschreiben; dann ist dessen Rauminhalt

$$V=\pi\int_0^{x_1}2px\,dx=2\pi p\int_0^{x_1}x\,dx=2\pi p\left[\frac{1}{2}x^2\right]_0^{x_1}=\pi p x_1^2.$$

§ 9. Wird ein Körper von zwei parallelen Ebenen im Abstande h begrenzt und ist der Flächeninhalt eines jeden ebenen Schnitts, der in der Höhe x über der Grundfläche parallel zu ihr geführt wird, eine Funktion $\varphi(x)$ von x, so läßt sich der Körper aus lauter parallelen, unendlich dünnen Scheiben vom Rauminhalt $\varphi(x)\,dx$ zusammengesetzt denken, und es ist der Rauminhalt des Körpers

$$(3)\quad V=\int_0^h\varphi(x)\,dx.$$

Beispiel: 1. In einer Pyramide mit der Grundfläche G und der Höhe h habe ein zur Grundfläche paralleler Schnitt im Abstande x von der Spitze den Flächeninhalt g. Dann ist $g:G = x^2:h^2$ oder $g = \frac{Gx^2}{h^2}$. Mithin ist der Rauminhalt der Pyramide

$$V = \int_0^h \frac{Gx^2}{h^2} \cdot dx = \frac{G}{h^2}\left[\frac{1}{3}x^3\right]_0^h = \frac{G}{h^2} \cdot \frac{1}{3} h^3 = \frac{1}{3} Gh.$$

2. Ist $\varphi(x) = a + bx + cx^2 + ex^3$, so ist $V = \int_0^h (a + bx^2 + cx^2 + ex^3)dx = \left[ax + \frac{1}{2}bx^2 + \frac{1}{3}cx^3 + \frac{1}{4}ex^4\right]_0^h = ah + \frac{1}{2}bh^2 + \frac{1}{3}ch^3 + \frac{1}{4}eh^4.$

Nun ist für die Grundfläche $x = 0$ und $G = a$, für die Deckfläche $x = h$ und $g = a + bh + ch^2 + eh^3$, für den Schnitt in halber Höhe (Mittelschnitt)

$m = a + b\frac{h}{2} + c\frac{h^2}{4} + e\frac{h^3}{8}$, mithin $\frac{1}{6}(G + g + 4m)h = ah + \frac{1}{2}bh^2 + \frac{1}{3}ch^3 + \frac{1}{4}eh^4 = V$. Also ist der Rauminhalt des Körpers gleich dem sechsten Teil des Produkts aus der Höhe und der Summe aus Grundfläche, Deckfläche und vierfachem Mittelschnitt.

§ 10. Auch in der **Physik** ist das Integrieren von großer Bedeutung. Ist z. B. $v = f(t)$, die Geschwindigkeit also als Funktion der Zeit bekannt so ist (I § 51) $\frac{ds}{dt} = v$, mithin $s = \int v dt$. Bei der gleichmäßig beschleunigten Bewegung mit der Anfangsgeschwindigkeit 0 ist

$$v = at, \text{ also } s = \int_0^t at dt = \left[\frac{1}{2}at^2\right]_0^t = \frac{1}{2}at^2.$$

Des ferneren ist das Integrieren u. a. wichtig für die Bestimmung von statischen Momenten, Schwerpunkten und Trägheitsmomenten.

Dritter Teil:
Übungsaufgaben zur Differentialrechnung.

Erster Abschnitt.

Grundzüge der Differentialrechnung.

§ 1. Übungen zu § 12.

1. Stelle die nachstehenden Funktionen **a)** $y = \frac{2}{3} x^2 - 4x + 5$; **b)** $y = x^2 - 7$; **c)** $y = -\frac{1}{4} x^2 + 2x - 3$; **d)** $y = -\frac{4}{5} x^2 - x$ nebst ihren Differentialquotienten graphisch dar und untersuche den Zusammenhang zwischen den beiden Linien. Wovon hängt es insbesondere ab, ob die Parabel α) nach oben oder nach unten geöffnet ist, β) die x-Achse schneidet, berührt oder überhaupt nicht trifft (Höhenlage), γ) ihren Scheitelpunkt links oder rechts von der y-Achse hat (Seitenlage)? Bestimme auch mit Hilfe der Zeichnung annäherungsweise die Wurzeln der Gleichungen, die aus $a - d$ hervorgehen, wenn man $y = 0$ setzt.

2. a) Die Wurzeln der Gleichung $x^2 + \frac{5}{6} x - 1 = 0$ in der Weise zu bestimmen, daß man die Abszissen der Punkte aufsucht, in denen sich die Linien $y = x^2$ und $y = -\frac{5}{6} x + 1$ schneiden.

b) Desgleichen für $x^2 + 1{,}8\,x + 0{,}72 = 0$.

c) Wie kann man entsprechend die Wurzeln der Gleichung $x^2 + px + q = 0$ bestimmen, und wie erklärt es sich, daß die Abszisse des Scheitels der Parabel $y = x^2 + p\,x + q$ das arithmetische Mittel zu den beiden Wurzelwerten ist?

d) Wie kann man aus der gegenseitigen Lage der Linien $y = x^2$ und $y = -p\,x - q$ eine Übersicht über alle Fälle gewinnen, die hinsichtlich der Wurzeln der Gleichung $x^2 + px + q = 0$ möglich sind?

3. Die Gleichungen **a)** $y' = 2x + 3$; **b)** $y' = 2x - 3$; **c)** $y' = -2x + 3$; **d)** $y' = -2x - 3$ mögen die Differentialquotienten unbekannter Funktionen darstellen. α) Was läßt sich hieraus über den Verlauf der Funktionen, bzw. der sie darstellenden Linien schließen? β) Weshalb können die Gleichungen $a - d$ über das absolute Glied der Funktionen keinen Aufschluß geben? γ) Welchen Einfluß hat das absolute Glied auf die Höhenlage der Kurve?

4. Die Gleichungen **a)** $y' = -\frac{1}{2} x + 1$, **b)** $y' = 4x - 4$; **c)** $y' = x + 1$; **d)** $y' = -\frac{3}{2} x - 2$ mögen den Differentialquotienten je einer Funktion darstellen. Welches ist diese Funktion und wie groß ist insbesondere ihr absolutes Glied, wenn α) die Funktionskurve durch den Anfangspunkt geht, β) ihr höchster oder tiefster Punkt auf der x-Achse, γ) 3 Längeneinheiten über der x-Achse liegt, δ) die Kurve die y-Achse 4 Längeneinheiten über dem Anfangspunkt, ε) die x-Achse $2\frac{1}{2}$ Längeneinheiten links vom Anfangspunkt schneidet?

5. Zerlege die Parabeln $y = ax^2 + bx + c$ auf Grund des Differentialquotienten in zwei Gruppen, je nachdem sie nach oben oder nach unten geöffnet sind, und jede Gruppe wieder in drei Arten, je nachdem die Parabeln die x-Achse schneiden, berühren oder gar nicht treffen. Was für Wurzeln hat die Gleichung $ax^2 + bx + c = 0$ in den einzelnen Fällen?

6. Es soll nachgewiesen werden, daß die Bedingung, wonach die Ordinate des Scheitels der Parabel $y = x^2 + px + q$ negativ, positiv oder 0 ist, zusammenfällt mit der Bedingung, nach der die Gleichung $x^2 + px + q = 0$ zwei verschiedene reelle, zwei komplexe oder zwei zusammenfallende reelle Wurzeln hat.

7. Wo bildet an den Kurven 1 a — d die Tangente mit der x-Achse einen Winkel von α) 45°; β) 60°; γ) 30°; δ) 120°; ε) 135°?

§ 2. Übungen zu § 13.

1. Die Kurve $y = x^3 - 1\frac{1}{2}\,x^2 - 4\frac{1}{2}\,x + 5$ soll mit den Linien des ersten und zweiten Differentialquotienten (der zweite ergibt sich durch nochmalige Differentiation des ersten) gezeichnet und die gegenseitigen Beziehungen untersucht werden.

2. Desgleichen für $y = -\frac{1}{4}\,x^3 + 3\frac{1}{4}\,x + 1$.

3. Die Gleichung $y' = 3\,x^2 - \frac{1{,}3}{4}$ stelle den Differentialquotienten einer Funktion dritten Grades dar. Es soll a) die Kurve gezeichnet und zu Schlüssen auf den Verlauf der Funktionskurve benutzt werden, b) die Funktion selbst bestimmt werden, wenn man weiß, daß ihre Kurve auf der positiven Seite der x-Achse ein Stück von 2 Längeneinheiten abschneidet.

4. Es soll eine Übersicht über die 6 Hauptformen der Kurven dritten Grades $y = ax^3 + bx^2 + cx + d$ gewonnen werden, indem man den Differentialquotienten dieser Funktion bildet und die möglichen Kurvenformen desselben (vgl. § 1, A. 5) zu Schlüssen auf die Form der zugehörigen Kurve dritten Grades benutzt. Die 6 Hauptformen sind in ihrer ungefähren Gestalt zu entwerfen und daraus Schlüsse auf die Zahl und Art der Wurzeln einer kubischen Gleichung zu ziehen. Durch welche arithmetischen Bedingungen unterscheiden sich die einzelnen Fälle (abzuleiten aus der Gleichung des Differentialquotienten).

5. Es soll nachgewiesen werden, daß in dem Fall, wo die Kurve $y = ax^3 + bx^2 + cx + d$ die x-Achse in einem Wendepunkt mit wagerechter Tangente berührt, in dem Wendepunkt drei gleiche Wurzelwerte der Gleichung $ax^3 + bx^2 + cx + d = 0$ zusammenfallen, so daß man die Wendetangente als eine Gerade auffassen kann, die mit der Kurve drei zusammenfallende Punkte gemeinsam hat.

6. Die Wurzelwerte der Gleichung $x^3 + px + q = 0$ können gefunden werden, indem man die Schnittpunkte der Linien $y = x^3$ und $y = -px - q$ bestimmt. Die Kurve $y = x^3$ ist zu zeichnen und dann unter Berücksichtigung der möglichen Lagen der Geraden $y = -px - q$ festzustellen, was für Wurzelwerte in den einzelnen Fällen vorliegen können. Es ist ferner festzustellen, daß eine Doppelwurzel dann vorliegt, wenn Gerade und Kurve sich berühren, also für den Berührungspunkt denselben Differentialquotienten besitzen. Hieraus ist der Wert dieser Doppelwurzel zu ermitteln und damit zugleich die durch p und q ausgedrückte Bedingung, daß ein solcher Fall vorliegt.

7. In welchen Punkten haben die Kurven der A. 1 und 2 a) eine wagerechte Tangente, b) eine unter 45° zur x-Achse geneigte Tangente, c) eine Wendetangente (d. h. die y'-Linie ein Maximum oder Minimum)?

8. Die Gleichungen in A. 1 und 2 mögen (y' statt y) die Differentialquotienten von Funktionen vierten Grades darstellen und sind zu Schlüssen auf den Verlauf dieser Kurven zu benutzen.

§ 3. Übungen zu § 14, 15, 16.

1. Von den nachstehenden Funktionen ist der Differentialquotient zu bilden und festzustellen, unter welchen Winkeln die zugehörige Kurve die x-Achse durchsetzt.

a) $y = x^5$; **b)** $y = 3x^4$; **c)** $y = \frac{1}{3} x^2$; **d)** $y = x^3 + 1$; **e)** $y = x^3 - 1$; **f)** $y = \frac{1}{2} x^2 - 8$; **g)** $y = x^3 + 4$; **h)** $y = \frac{1}{3} x^2 + x - 1\frac{1}{3}$; **i)** $y = 3 x^4 + 2x$; **k)** $y = (2x - 3)(3x - 4)$; **l)** $y = (x - 1)(x - 2)(x + 3)$.

2. Von den nachstehenden Funktionen ist der Differentialquotient zu bilden und festzustellen, welche Lage die Tangente in den Punkten der zugehörigen Kurve hat, für die $x = 0$ und $x = \pm 1$ ist.

a) $y = 2x^3 - 5 x^2 + 9$; **b)** $y = \frac{2}{3} x^3 - \frac{3}{4} x^2 - x + 6$;
c) $y = \frac{1}{2} x^4 - \frac{2}{3} x^2 + \frac{3}{4} x$.

3. Von den vorstehenden Funktionen die höheren Differentialquotienten zu bilden.

§ 4. Übungen zu § 17.

1. Ergeben sich bei einer Funktion für denselben Wert von x zwei entgegengesetzt gleiche Werte von y, so liegt die zugehörige Kurve symmetrisch zur x-Achse. Beispiele: **a)** $y^2 = x^3 + 1$; **b)** $x^2 + y^2 = x^3$.

2. Ändert eine Gleichung zwischen den Veränderlichen x und y durch Vertauschung von x mit y ihre Form nicht, so liegt die zugehörige Kurve symmetrisch zur Halbierungslinie des ersten und dritten Quadranten. Beispiel: $x^3 + y^3 = a^3$.

3. Ändert eine Gleichung zwischen den veränderlichen x und y ihre Form nicht, wenn man x durch $-y$ und y durch $-x$ ersetzt, so liegt die zugehörige Kurve symmetrisch zur Halbierungslinie des zweiten und vierten Quadranten. Beispiel: $x^3 - y^3 = a^3$.

4. Welche Symmetrie besitzen die folgenden Kurven?

a) $x^2 + y^2 = a^2$; **b)** $x^2 - y^2 = a^2$; **c)** $x^2 + xy + y^2 = a^2$; **d)** $x^2 - xy + y^2 = a^2$; **e)** $(x + y)(x^2 + y^2) = a^3$; **f)** $(x - y)(x^2 + y^2) = a^3$; **g)** $(x + y)(x^3 + y^3) = a^4$; **h)** $(x + y)(x^3 - y^3) = a^4$; **i)** $(x - y)(x^3 - y^3) = a^4$; **k)** $a(x^2 + y^2) = x^2y$; **l)** $a(x^2 - y^2) = xy^2$; **m)** $a(x^2 - y^2) = x^3$; **n)** $a(x^2 - y^2) = y^3$; **o)** $x^3 = (2r - x)y^2$ (Cissoide); **p)** $x^3 + y^3 = 3axy$ (Blatt des Descartes).

§ 5. Übungen zu § 18.

Untersuche mit Hilfe der Differentialquotienten den Verlauf der Kurven zu folgenden Funktionen:

1. $y = \frac{1}{4} x^3 - x$; 2. $y = \frac{1}{4} x^4 - 2x$; 3. $y = \frac{1}{4} x^4 - x^2$; 4. $y = \frac{1}{15} x^5 - \frac{1}{3} x^3$; 5. $y = (x+1)(x-1)(x-2)$; 6. $y = \frac{1}{10}(x^2 - 1)(x^2 - 4)$. 7. $y = \frac{1}{10} x^4 + \frac{1}{3} x^3$.

§ 6. Übungen zu § 19, 20, 21.

Bilde die ersten und auch höhere Differentialquotienten von folgenden Funktionen:

1. $y = (4x - 3)(2x - \frac{1}{2})$; 2. $y = (\frac{3}{8} x - 5)(\frac{3}{4} x - 6)$; 3. $y = (2x^2 - 3)(3x + 4)$; 4. $y = (3x^2 - 5x)(x + 2)$; 5. $y = (3x - 2)^2$; 6. $y = (2x^2 - 3)^3$; 7. $y = (3x + 2)^2 (x - 4)$; 8. $y = \frac{3x - 4}{2x - 7}$; 9. $y = \frac{x}{x - 1}$; 10. $y = \frac{x^2}{x + 1}$; 11. $y = \frac{1 + x^2}{1 - x^2}$; 12. $y = \frac{x^2 - 1}{2x + 5}$; 13. $y = \frac{x^2}{x^2 + 1}$; 14. $y = \frac{(2x + 1)^2}{x - 3}$; 15. $y = \frac{x^2 - 1}{(2x + 1)^2}$; 16. $y = x^{-3}$; 17. $y = \frac{2}{3} x^{-2}$; 18. $y = -\frac{1}{4} x^{-4}$; 19. $y = x^{-2} + 5$; 20. $y = \frac{1}{x}$; 21. $y = \frac{3}{x^5}$; 22. $y = \frac{2}{x^3} - \frac{3}{4x^2}$; 23. $y = \frac{3}{(3x - 4)^2}$.

§ 7. Übungen zu § 22.

Untersuche mit Hilfe der Differentialquotienten den Verlauf der Kurven zu folgenden Funktionen:

1. $y = \frac{1}{x}$; 2. $y = \frac{x}{x + 1}$; 3. $y = \frac{1}{x + 1}$; 4. $y = \frac{1}{x^2 + 1}$; 5. $y = \frac{1}{1 - x^2}$; 6. $y = \frac{x}{x^2 - 4}$; 7. $y = \frac{x^2}{x^2 - 1}$; 8. $y = \frac{x^2 - 1}{x^2}$; 9. $y = \frac{x^2 - x}{x^2 - 4}$; 10. $y = \frac{x^2}{x^3 - 1}$; 11. $y = \frac{x^3}{x^2 - 1}$; 12. $y = \frac{x^2 - 1}{x^3}$.

§ 8. Übungen zu § 23 und 24.

1. Bilde zu folgenden Funktionen den ersten und auch höhere Differentialquotienten:

a) $y = x^{\frac{1}{3}}$; b) $y = 2 \cdot x^{\frac{1}{2}}$; c) $y = \sqrt[3]{x^5}$; d) $y = \sqrt{x}$; e) $y = 3x^{-\frac{1}{3}}$; f) $y = \frac{1}{\sqrt[3]{x^2}}$; g) $y = \frac{4}{\sqrt{x^3}}$; h) $y = x\sqrt{x}$; i) $y = \frac{x^2}{2}\sqrt[3]{x}$; k) $y = (5x^2 - 4)^{\frac{1}{3}}$

l) $y = \sqrt{3x^2 + 4x}$; m) $y = \sqrt{ax + b}$; n) $y = \left(\frac{2}{3}x - 4\right)^{-\frac{3}{4}}$;

o) $y = \sqrt[3]{(8x - 5)^2}$; p) $y = (2 - x)^{-\frac{3}{2}}$.

2. Untersuche mit Hilfe der Differentialquotienten den Verlauf der Kurven zu folgenden Funktionen:

a) $y = \sqrt[3]{x^2 + 1}$; b) $y = \sqrt[3]{x^2 - 1}$; c) $y = \sqrt[3]{x^3 + 1}$; d) $y = \sqrt[3]{x^3 - 1}$; e) $y = \pm\sqrt{x^3 + 1}$.

3. Bilde die ersten Differentialquotienten der unentwickelten Funktionen in § 4.

§ 9. Übungen zu § 25—30.

Bilde die ersten und in einfacheren Fällen auch höhere Differentialquotienten zu folgenden Funktionen.

1. $y = \sin 2x$; 2. $y = \cos\left(3x - \frac{\pi}{2}\right)$; 3. $y = \frac{q}{\sin x}$; 4. $y = \frac{q}{\cos x}$; 5. $y = \sin^2 x$; 6. $y = \operatorname{tg} 3x$; 7. $y = \cot(\pi - x)$; 8. $y = \operatorname{tg}^2 x$; 9. $y = \cot^2 x$; 10. $y = \sin x \cos x$; 11. $y = \cos^2 x - \sin^2 x$; 12. $y = \cos\frac{a}{x}$ 13. $y = \sin^3 x - 2\sin x + 5$; 14. $y = x \cdot \sin x$; 15. $y = x^2 \cdot \cos x$; 16. $y = arc \sin 2x$; 17. $y = arc \operatorname{tg} 3x$; 18. $y = \frac{\sin^2 x}{\cos 2x}$; 19. $y = \log(2x^3)$; 20. $y = \log\frac{x}{n}$; 21. $y = l(x - 4)$; 22. $y = l \sin x$; 23. $y = l \cos x$; 24. $y = l \operatorname{tg} x$; 25. $y = l \cot x$; 26. $y = e^{ax}$; 27. $y = e^{ax+b}$; 28. $y = a^{bx}$; 29. $y = x \cdot e^x$; 30. $y = x^2 \cdot e^x$.

Zweiter Abschnitt.

Anwendungen der Differentialrechnung.

A. Maxima und Minima (§§ 32—34).

§ 10. Übungen aus der Planimetrie.

1. Welches Rechteck von gegebenem Umfang u hat a) den größten Flächeninhalt, b) die kürzeste Diagonale?

2. Welches Rechteck von gegebenem Flächeninhalt J hat a) den kleinsten Umfang, b) die kürzeste Diagonale?

3. Welches Rechteck von gegebener Diagonale d hat a) den größten Inhalt, b) den größten Umfang?

4. Welches unter den über derselben Grundlinie c stehenden Dreiecken von gleichem Umfang u hat den größten Inhalt?

5. a) Einem rechtwinkligen Dreieck sind Rechtecke dadurch eingezeichnet, daß man von Punkten der Hypotenuse die Parallelen zu den Katheten gezogen hat. Welches unter diesen Rechtecken hat den größten Flächeninhalt?

b) die entsprechende Aufgabe für ein beliebiges Dreieck zu lösen.

6. a) Einem gleichschenkligen Dreieck (Grundlinie c, Höhe h) sind auf der Grundlinie stehende Rechtecke einbeschrieben. Welches von ihnen hat den größten Inhalt?

b) Die Aufgabe umzukehren und das gleichschenklige Dreieck vom kleinsten Umfang zu bestimmen.

7. Welches unter allen einem Kreise vom Halbmesser r einbeschriebenen Rechtecken hat a) den größten Inhalt, b) den größten Umfang?

8. Welcher unter allen einem Kreise vom Halbmesser r umbeschriebenen Rhomben hat a) den kleinsten Inhalt, b) den kleinsten Umfang?

9. Einem Halbkreis sind gleichschenklige Dreiecke so einbeschrieben, daß ihre Spitzen im Mittelpunkt liegen und ihre Grundlinien dem begrenzenden Durchmesser parallel laufen. Welches ist das größte?

10. Welches unter den einem Kreise vom Halbmesser r einbeschriebenen gleichschenkligen Dreiecken hat a) den größten Inhalt, b) den größten Umfang?

11. In einem Quadranten ist die Sehne zwischen den Endpunkten der begrenzenden Halbmesser gezogen worden; es soll die Ordinate ermittelt werden, bei der das Stück zwischen Sehne und Kreis am größten ist.

12. In einem Halbkreis eine zum begrenzenden Durchmesser parallele Sehne so zu ziehen, daß das durch Sehne und Durchmesser bestimmte Trapez einen möglichst großen Flächeninhalt hat.

13. Welches unter allen gleichschenkligen Dreiecken, die einem Kreise vom Halbmesser r umbeschrieben sind, hat a) den kleinsten Flächeninhalt, b) den kleinsten Umfang?

14. Dieselbe Aufgabe für einen Halbkreis zu lösen.

15. Einem Kreisausschnitt (Halbmesser r, Mittelpunktswinkel α) ein Rechteck von größtem Flächeninhalt so einzuzeichnen, daß das eine Seitenpaar der Halbierungslinie des Mittelpunktswinkels parallel ist.

§ 11. Übungen aus der Stereometrie.

1. Welcher unter allen Zylindern, deren Achsenschnitte denselben Umfang u haben, hat a) den größten Rauminhalt, b) den größten Mantel?

2. Welcher Zylinder vom gegebenem Rauminhalt V hat a) den kleinsten Umfang des Achsenschnitts, b) die kleinste Oberfläche?

3. Welche quadratische Säule hat a) bei gegebener Oberfläche O den größten Rauminhalt, b) bei gegebenem Rauminhalt V die kleinste Oberfläche?

4. Welcher unter allen Kegeln, deren Achsenschnitte denselben Umfang u haben, hat den größten Rauminhalt?

5. n Stangen von je a m Länge sollen die Seitenkanten einer regelmäßigen Pyramide bilden. Auf dem Bogen ist ein Kreis zu ziehen, in den die Stäbe eingesteckt werden. Wie groß muß sein Halbmesser gemacht werden, damit die Pyramide einen möglichst großen Inhalt erhalte, und wie groß ist dieser?

a) $n = 4$; b) $n = 6$; c) $n = 3$; d) $n = 8$; e) $n = 5$.

6. Es soll ein Hohlgefäß in Form a) eines Zylinders, b) eines Kegels, c) einer Kalotte angefertigt werden, das bei gegebener Oberfläche O den größten Inhalt hat.

7. Desgl., wenn das Gefäß bei gegebenem Inhalt V die kleinste Oberfläche besitzen soll.

8. Aus einem rechteckigen Stück Pappe von $a = 40$ cm Länge und $b = 25$ cm Breite soll an jeder Ecke ein Quadrat herausgeschnitten und aus dem Rest ein Kasten gebogen werden. Wie groß muß die Seite des Quadrats gewählt werden, wenn der Inhalt des Kastens möglichst groß sein soll?

9. Einer Kugel soll der Zylinder einbeschrieben werden, der a) den größten Inhalt, b) den größten Mantel, c) die größte Oberfläche hat.

10. Einem geraden Kegel (r, h) soll der Zylinder einbeschrieben werden, der a) den größten Inhalt, b) den größten Mantel, c) die größte Oberfläche (Zahlenbeispiele: $h = 3r$, $4r$, $10r$) hat.

11. Um einen geraden Zylinder (r, h) soll der gerade Kegel gelegt werden, der a) den kleinsten Inhalt, b) den kleinsten Mantel (kubische Gleichung in reduzierter Form für $x - r$, wenn x den Halbmesser der Grundfläche des Kegels bedeutet; Zahlenbeispiel $r = 1$, $h = 3\sqrt{3}$) hat.

12. Einem geraden Kegel soll ein zweiter in umgekehrter Lage so einbeschrieben werden, daß letzterer einen möglichst großen Inhalt hat.

13. Einem geraden Kegel soll eine quadratische Säule so einbeschrieben werden, daß sie a) einen möglichst großen Inhalt, b) eine möglichst große Oberfläche hat.

14. Einer Kugel den geraden Kegel einzubeschreiben, der a) den größten Inhalt, b) den größten Mantel, c) die größte Oberfläche hat.

15. Einer Kugel die quadratische Säule einzubeschreiben, die a) den größten Inhalt, b) den größten Mantel, c) die größte Oberfläche hat.

16. Einer Kugel a) das größte gerade regelmäßig-dreiseitige Prisma, b) die größte gerade regelmäßig-vierseitige Pyramide, c) die größte gerade regelmäßig-dreiseitige Pyramide einzubeschreiben.

17. Um eine Kugel den kleinsten geraden Kegel zu legen.

18. Im Abstande a vom Mittelpunkt einer Kugel befindet sich ein leuchtender Punkt. Wie groß muß der Halbmesser der Kugel gewählt werden, wenn die beleuchtete Fläche möglichst groß sein soll?

19. Einer Halbkugel soll a) der größte gerade Kegel, b) die größte gerade quadratische Pyramide, c) die größte gerade regelmäßig-dreiseitige Pyramide so einbeschrieben werden, daß die Spitze im Mittelpunkt liegt.

20. Wie groß ist die Höhe desjenigen unter den einer Halbkugel einbeschriebenen Zylindern, dessen Mantel die über seiner oberen Grundfläche stehende Kugelmütze am meisten übertrifft?

21. Welcher unter den einer Halbkugel einbeschriebenen Kegelstumpfen hat den größten Mantel?

22. Um eine Halbkugel den Kegel vom kleinsten Mantel zu legen.

23. Welcher Kugelabschnitt übertrifft an Rauminhalt die größte ihm einbeschriebene Kugel am meisten?

24. Bei welchem Kugelausschnitt (Mittelpunktswinkel $= 2\varphi$) ist die Differenz zwischen dem Kegelmantel und der Kugelmütze am größten?

25. Um einen Punkt P einer gegebenen Kugel eine zweite so zu beschreiben, daß ihre innerhalb der gegebenen Kugel liegende Mütze den größten Flächeninhalt hat.

26. In ein regelmäßiges Tetraeder den größten Zylinder zu beschreiben.

§ 12. Übungen aus der Lehre von den Funktionen und der analytischen Geometrie.

Die größten und kleinsten Werte nachstehender Funktionen zu bestimmen:

1. $y = \dfrac{3x^2 - 5x + 8}{x}$

2. $y = \frac{8}{x-3} - \frac{8}{x-5}$

3. $y = (2x-3)(3x+2)^2$

4. $y = \frac{1}{x^2} + \frac{1}{x} + 3x + 2$ (kubische Gleichung).

5. a) $y = \cos x + \sin x$; b) $y = \cos x - \sin x$.

6. a) $y = \operatorname{tg} x + \cot x$; b) $y = \operatorname{tg} x - \cot x$.

7. a) $y = \frac{1}{2} \cos 2x - \cos x$; b) $y = \frac{1}{2} \sin 2x - \sin x$.

8. a) $y = \cos 3x - \cos^3 x$; b) $y = \sin 3x - \sin^3 x$.

9. Durch den Punkt $[p;\ q]$ im ersten Quadranten eine Gerade so zu legen, daß der zwischen den positiven Hälften der Koordinatenachsen liegende Abschnitt möglichst kurz werde. Beispiel: $p = 4$, $q = 5$.

10. Welcher Punkt der Parabel $y^2 = 2px$ ist dem Punkt $[x_1;\ y_1]$ am nächsten? Beispiel: a) $x_1 = 2p$; $y_1 = 0$; b) $x_1 = p$, $y_1 = 4p$.

11. Einem Parabelsegment, das von einer zur Achse senkrechten Sehne im Abstande q vom Scheitel begrenzt wird, soll mittels einer Parallele zu dieser Sehne a) das größte gleichschenklige Dreieck (mit der Spitze im Mittelpunkt der Sehne), b) das größte Rechteck, c) das größte Trapez einbeschrieben werden.

12. In Aufgabe 11 soll das Rechteck so einbeschrieben werden, daß der bei der Umdrehung um die Achse entstehende Zylinder a) den größten Rauminhalt, b) den größten Mantel, c) die größte Oberfläche erhält.

13. In Aufgabe 11 soll das gleichschenklige Dreieck so einbeschrieben werden, daß der hieraus bei der Umdrehung um die Achse entstehende Kegel a) einen möglichst großen Rauminhalt, b) einen möglichst großen Mantel hat.

14. Welche zur x-Achse parallele Sehne der Ellipse $b^2x^2 + a^2y^2 = a^2b^2$ bildet die Grundlinie des größten gleichschenkligen Dreiecks, dessen Spitze a) im Mittelpunkt, b) in einem Nebenscheitel liegt?

15. Welches gleichschenklige Dreieck, dessen Schenkel eine Ellipse berühren und dessen Grundlinie a) auf der x-Achse liegt, b) die Ellipse in dem gegenüberliegenden Nebenscheitel berührt, hat den kleinsten Flächeninhalt?

16. Welches der gleichschenkligen Dreiecke in Aufg. 14 beschreibt bei der Umdrehung um die y-Achse den größten Kegel?

17. Desgl. in Aufg. 15 den kleinsten Kegel.

18. Welche zur x-Achse parallele Sehne einer Ellipse bestimmt mit deren Hauptachse das größte Trapez?

19. Von welcher Tangente einer Ellipse im ersten Quadranten schneiden die Achsen die kleinste Strecke ab?

20. Welche dieser Tangenten beschreibt bei der Drehung um die y-Achse a) den kleinsten Kegel, b) den kleinsten Kegelmantel?

21. Auf welcher Sehne gleitet ein materieller Punkt ohne Reibung am schnellsten ab, wenn sie a) bei einer Parabel mit senkrechter Achse durch den Brennpunkt, b) bei einer Ellipse (Hyperbel) mit senkrechter Achse durch einen Brennpunkt, c) bei dem Kreise $x^2 + y^2 = r^2$ durch den Punkt $[0;\ -q]$ geht?

B. Auswertung von Quotienten, Kurventangenten, Krümmung.

§ 13. Übungen zur Auswertung von Quotienten (§ 43—45).

Welche Werte nehmen die nachstehenden Quotienten an:

1. $y = \frac{x^2 + 2x - 3}{x^2 - 3x + 2}$ für $x = 1$,
2. $y = \frac{x^3 - 3x^2 - 4x + 12}{x^3 - 3x^2 - 5x + 15}$ für $x = 3$,
3. $y = \frac{x^3 - 3x^2 - 4x + 12}{x^3 + x^2 - 4x - 4}$ für $x = \pm 2$,
4. $y = \frac{x^3 + 3x^2 - 4}{3x^3 + 10x^2 + 4x - 8}$ für $x = -2$,
5. $y = \frac{8x^4 + 40x^3 + 46x^2 - 20x - 25}{4x^4 + 20x^3 + 12x^2 - 60x - 75}$ für $x = -2\frac{1}{2}$,
6. $y = \frac{\sin x}{2x}$ für $x = 0$,
7. $y = \frac{\sin x}{x^2}$ für $x = 0$,
8. $y = \frac{\operatorname{tg} x}{x}$ für $x = 0$,
9. $y = \frac{x^2}{1 - \cos x}$ für $x = 0$,
10. $y = \frac{x - \sin x}{2x^3}$ für $x = 0$,
11. $y = \frac{2 \cos x}{\pi - 2x}$ für $x = \frac{\pi}{2}$,
12. $y = xlx = \frac{lx}{\frac{1}{x}}$ für $x = 0$,
13. $y = \frac{lx}{x}$ für $x = \infty$,
14. $y = \frac{l \cos x}{x}$ für $x = 0$,
15. $y = \frac{e^x}{x}$ für $x = \infty$?

Weitere Beispiele in den Aufgaben des § 7.

§ 14. Ermittelungen der Gleichungen von Kurventangenten (§ 47).

Benutze für entwickelte Funktionen die Beispiele der §§ 5, 7 und 8,2, für unentwickelte Funktionen die des § 4.

Bestimme jedesmal auch die Form, die die Tangentengleichung für bestimmte Kurvenpunkte (insbesondere die ausgezeichneten Punkte) annimmt und für welche Kurvenpunkte die Tangente (oder die Normale) durch den Koordinatenanfangspunkt (oder einen anderen ausgezeichneten Punkt) geht oder für welche Kurvenpunkte die Tangente einen vorgeschriebenen Winkel mit der x-Achse (z. B. 45^0) bildet.

§ 15. Übungen zur Krümmung der Kurven. (§§ 54, 55).

Wie groß ist der Krümmungshalbmesser und welches sind die Koordinaten des Mittelpunkts des Krümmungskreises bei den Kurven

1. $y = \frac{1}{2}x^2 - 5x + 4$ in dem Punkt, dessen Abszisse gleich 4 ist,
2. $y = x^2 + x - 6$ in den Schnittpunkten mit den Achsen,
3. $y = x^2 - 2x + 3$ im tiefsten Punkt der Kurve,

4. $y = \frac{1}{3}x^3 + \frac{1}{2}x^2 - 2x - 3$ in den Punkten, wo ein Maximum oder Minimum vorhanden ist,

5. $y = \sin x$ für $x = \frac{\pi}{2}$,

6. $y = lx$ für $x = 1$,

7. $y = e^x$ für $x = 0$,

8. $y = ax^2 + bx + c$ in dem Punkt der stärksten Krümmung,

9. $y = ax^3 + bx^2 + cx + d$ in den Punkten, wo y den größten und kleinsten Wert erreicht und am Wendepunkt der Kurve,

10. $y = lx$ in dem Punkt der stärksten Krümmung,

11. $y = e^x$ desgl., 12. $y = \frac{1}{x}$ desgl.,

13. $y = x^3$ desgl., 14. $y = \sin x$ desgl.

Vierter Teil: Übungsaufgaben zur Integralrechnung.

Erster Abschnitt.

Grundzüge der Integralrechnung.

§ 1. Übungen zu § 1. Suche die Integralfunktionen zu folgenden Differentialfunktionen:

1. $y' = x^3$; **2.** $y' = x^{-4}$; **3.** $y' = x^{-n}$; **4.** $y' = \frac{1}{x^2}$; **5.** $y' = x^{\frac{1}{3}}$;

6. $y' = x^{\frac{1}{n}}$; **7.** $y' = x^{\frac{m}{n}}$; **8.** $y' = \sqrt{x}$; **9.** $y' = x^{-\frac{3}{4}}$; **10.** $y' = \frac{1}{\sqrt{x}}$;

11. $y' = \frac{1}{\sqrt[3]{x^2}}$; **12.** $y' = \frac{1}{\sqrt[m]{x^n}}$; **13.** $y' = (x+a)^n$; **14.** $y' = (2x+a)^3$;

15. $y' = \sqrt{x+3}$; **16.** $y' = \sqrt{ax}$; **17.** $y' = \sqrt[3]{2x-5}$; **18.** $y' = \sqrt[5]{(3x-4)^3}$;

19. $y' = \sin ax$; **20.** $y' = \cos\frac{x}{a}$; **21.** $y' = \frac{1}{\sin^2\frac{x}{a}}$; **22.** $y' = \frac{1}{\cos^2 ax}$;

23. $y' = \frac{1}{\sqrt{1-a^2x^2}}$; **24.** $y' = \frac{1}{1+a^2x^2}$; **25.** $y' = \frac{1}{ax}$; **26.** $y' = \frac{1}{x+a}$;

27. $y' = e^{ax}$; **28.** $y' = e^{ax+\beta}$; **29.** $y' = a^{x+b}$; **30.** $y' = a^{\frac{x}{b}}$.

§ 2. Übungen zu § 5.

1. Schreibe die Übungen des § 1 mit dem Integralzeichen.

2. a) $\int ax^2\,dx$; b) $\int \frac{x^3}{4}\,dx$; c) $\int \frac{3}{x}\,dx$; d) $\int n\sqrt[3]{x^2}\,dx$; e) $\int \frac{2}{\sqrt{x}}\,dx$;

f) $\int \frac{p}{(\sqrt{x})^3}\,dx$; g) $\int a\sin x\,dx$; h) $\int \frac{b}{\cos^2 ax}\,dx$; i) $\int \frac{p}{1+a^2x^2}\,dx$;

k) $\int be^{ax}\,dx$; l) $\int \frac{dx}{\sqrt{a^2-x^2}} = \int \frac{dx}{a\sqrt{1-\left(\frac{x}{a}\right)^2}}$.

3. a) $\int (4x^3 - 5x^2 + 6x - 3)\, dx$; b) $\int \left(\frac{3}{4} x^2 - \frac{2}{3} x + \frac{1}{2}\right) dx$;
c) $\int (ax^2 + bx + c)\, dx$; d) $\int (ax^3 - bx^2 + cx - e)\, dx$.

4. a) $\int \cot x\, dx$; b) $\int \operatorname{tg} x\, dx$; c) $\int \frac{2x\, dx}{x^2 - a^2}$; d) $\int \frac{x\, dx}{a^2 - x^2}$;
e) $\int \frac{2x\, dx}{1 + x^2}$; f) $\int \frac{2x\, dx}{1 + a^2 x^2}$.

Anleitung zu a): $\int \cot x\, dx = \int \frac{\cos x}{\sin x} dx = l \sin x + k$, da der Zähler der Differentialquotient des Nenners ist. (Für negative Sinus ist $-l(-\sin x)$ zu nehmen).

§ 3. Übungen zu § 6.

1. $\int x \sin x\, dx$; **2.** $\int x^2 \cos x\, dx$; **3.** $\int \sin^2 x\, dx$; **4.** $\int lx\, dx$ $(= \int 1 \cdot lx\, dx)$; **5.** $\int x\, lx\, dx$; **6.** $\int x^2\, lx\, dx$; **7.** $\int x e^x\, dx$; **8.** $\int x^2 e^x\, dx$; **9.** $\int \sqrt{1 - x^2}\, dx$; **10.** $\int \sqrt{1 - a^2 x^2}\, dx$; **11.** $\int \sqrt{a^2 - b^2 x^2}\, dx$.

Zweiter Abschnitt.

Anwendungen der Integralrechnung.

§ 4. Übungen zu § 7.

Bei den folgenden Kurven den Flächenraum zwischen Kurve und x-Achse zu berechnen:

1. $y^2 = 4x$ für x a) von 0 bis 1, b) von 1 bis 2, c) von 1 bis 4;
2. $x^2 = 4y$ für x a) von 0 bis 1, b) von 1 bis 2;
3. $y = 4x - x^2$ zwischen den Schnittpunkten mit der x-Achse;
4. $y = x^2 - 4x + 3$ desgleichen;
5. $y = (x^2 - 1)(x - 2)$ desgleichen;
6. $y^2 = x^3$ für x a) von 0 bis 1, b) von 0 bis 4;
7. $y = \sin x$ für x a) von 0 bis $\frac{\pi}{2}$, b) von 0 bis π, c) von 0 bis 2π (weshalb ergibt sich bei c der Wert 0?);
8. $y = x \cdot \cos x$ für x von 0 bis $\frac{\pi}{2}$;
9. $y = e^x$ für x a) von $-\infty$ bis 0, b) von -1 bis 0, c) von 0 bis 1, d) von $-\infty$ bis 1;
10. $y = lx$ für x a) von 1 bis e, b) von 0 bis 1 (in diesem Fall ist der Grenzwert von $x \cdot lx$ für $x = 0$ zu ermitteln als $\lim_{x=0} \frac{lx}{\frac{1}{x}}$ nach I § 45);
11. $x^2 + y^2 = r^2$ für x von 0 bis r (ein Viertel der Kreisfläche);

12. $b^2 x^2 + a^2 y^2 = a^2 b^2$ für x von 0 bis a (ein Viertel der Ellipsenfläche);

13. $y = \sqrt{1 - x^2}$ für x von 0 bis 1;

14. $y = \sqrt{1 - a^2 x^2}$ für x von 0 bis $\frac{1}{a}$;

15. $y = \sqrt{a^2 - b^2 x^2}$ für x von 0 bis $\frac{a}{b}$.

16. $y = \frac{1}{x}$ für x a) von 1 bis 2, b) von 1 bis 3, c) von 1 bis n (Bedeutung der gleichseitigen Hyperbel für die natürlichen Logarithmen).

§ 5. Übungen zu § 8.

1—16. Die Rauminhalte der Rotationskörper zu berechnen, die entstehen, wenn die in § 4, 1—16 behandelten Flächen um die x-Achse gedreht werden.

17. Die Formel für den Rauminhalt des Kegels abzuleiten, wenn man ihn durch Rotation der Fläche zwischen der Geraden $y = Mx$, der Ordinate r im Abstand h vom Anfangspunkt und der x-Achse um die letztere entstehen läßt.

18. Desgleichen die Formel für den Rauminhalt des abgestumpften Kegels, wenn man in derselben Weise die Fläche zwischen den Ordinaten r und R im Abstande h behandelt.

19. Desgleichen die Formel für den Rauminhalt des Kugelabschnitts und der ganzen Kugel mit Hilfe der Scheitelgleichung des Kreises $y^2 = 2r x - x^2$.

20. Desgleichen die Formel für den Rauminhalt der Kugelschicht mit Hilfe der Mittelpunktsgleichung des Kreises $x^2 + y^2 = r^2$ durch Betrachtung der Fläche zwischen den Ordinaten a und b im Abstande $x_2 - x_1 = h$.

Inhalt der Unterstufe, Ausgabe B ohne Übungen

I. Planimetrie.
II. Arithmetik und Algebra.
III. Anfangsgründe der ebenen Trigonometrie.
IV. Anfangsgründe der Stereometrie.
Anhang I: Von der geometrischen Konstruktionsaufgabe.
Anhang II: Anleitung zum perspektivischen Zeichnen räumlicher Gebilde und zu ihrer Darstellung in Grund- und Aufriß.
Anhang III: Grundzüge der graphischen Darstellung.

Inhalt der Oberstufe, Ausgabe B ohne Übungen

I. Einleitung in die neuere Geometrie.
II. Grundzüge der darstellenden Geometrie.
III. Grundzüge der synthetischen Geometrie der Kegelschnitte.
IV. Arithmetik und Algebra.
V. Ebene Trigonometrie.
VI. Stereometrie.
VII. Sphärische Trigonometrie nebst Anwendung auf die mathematische Erd- und Himmelskunde.
VIII. Grundzüge und Anwendungen der Differentialrechnung in engster Verbindung mit der Lehre von den Funktionen.
IX. Grundzüge und Anwendungen der Integralrechnung.
X. Analytische Geometrie der Ebene.

MIX
Papier | Fördert gute Waldnutzung
FSC® C083411

Zeitfracht Medien GmbH
Ferdinand-Jühlke-Straße 7
99095 Erfurt, Deutschland
produktsicherheit@kolibri360.de